Diseño y planificación de estudios científicos: Calidad de datos (data management) y principios de diseño exerimental

Dr. Toni Monleón-Getino[1]

16 de enero de 2017

[1]Correspondence Author. amonleong@ub.edu. Statistics and Bioinformatics Research Group (GRBIO); Section of Statistics, Faculty of Biology, University of Barcelona. Barcelona (Spain)

We can reject a theory, but not prove it correct. Progress in Science in made by rejecting Theories (Popper's Falsification)

"A mis hijas Anna Maria y Míriam"

Lulu Press, Inc. (www.lulu.com)

Barcelona, 01/2012

Índice general

1. **Introducción**   **9**

    Perspectiva inicial 9

    El método científico 14

        El Teorema de Gödel 18

    El principio de la ciencia reproducible 19

        Trazabilidad de un estudio 20

2. **Ciencia experimental**   **23**

    Valoración empírica de la hipótesis 25

    Variabilidad biológica 27

        Un ejemplo importante: ¿Por qué hacer estudios con fármacos? 29

    Causalidad y determinismo 30

        Cum hoc ergo propter hoc 35

ÍNDICE GENERAL

Base estadística 36
Sesgos 40
    Precisión y validez de un estudio o experimento 42
    Sego de selección 45
    Sesgo de información u observación 47
Tipos de estudios de investigación 49
    Tipos de estudios clínicos/epidemiológicos . . 51
    Ensayos clínicos controlados 53
    Aspecto experimental de los ensayos clínicos
        controlados 55
    Fases de los ensayos clínicos 56
    Extrapolación de los ensayos clínicos a la práctica clínica habitual 59
    Poblaciones de análisis: Análisis de intención
        de tratar (ITT) 60
    Factores que afectan al análisis ITT 64
Principios de diseño de experimentos 66
Selección de los pacientes y tamaño muestral 70
Asignación aleatoria 72
Enmascaramiento 75
Efectos de factores pobres o poco soportado con los
    datos 76

ÍNDICE GENERAL 5

3. **Data management** **79**

    La calidad de la información 80

        Ley Orgánica española 15/1999 81

    Incorrecciones en los datos 82

    Datos altamente fiables y válidos 83

    Proceso de gestión de datos científicos 84

        Procedimientos del manejo clínico de los datos 86

        Sistema informático Hipócrates 88

    Algunos ejercicios de data management en R 88

4. **Bibliografía general** **101**

Índice de figuras

1.1. Experimento (Fuente: http://www.picserver.org/e/experiment.h

1.2. Esquema del método científico (Fuente: Villar P, 2016. Cuadernillo de ecología) 16

2.1. Fases del diseño de un experimento o estudio . 24

2.2. Estudio experimental o observacional 26

2.3. En un experimento es importante disponer de más de una réplica por condición experimental (Fuente: Wikimedia) 28

2.4. Tipos de errores obtenidos en un contraste de hipótesis (Fuente internet) 37

2.5. Pasos en un test de hipótesis (Fuente: internet) 39

2.6. Diferentes tipos de test de hipótesis y métodos estadísticos (Fuente Monleón 41

2.7. EDistribución de probabilidades normal (Fuente: Wikimedia) 42

2.8. Ventajas y desventajas del método científico (Fuente: internet) 52

2.9. Clasificación de los estudios clínicos/epidemiológicos (de Pita-Fernández, 1996) 54

2.10. Diferencias entre eficacia y efectividad de los medicamentos (de Monleón, 2005) 61

2.11. Análisis de un experimento mediante el método de la superficie de respuesta (Fuente: Wikimedia) 67

3.1. Ciclo de vida de los datos (Fuente: http://guides.lib.umich.edu/engin-dmpl) ... 83

Capítulo 1

Introducción

Perspectiva inicial

Este breve libro pretende ayudar a todas aquellas personas que piensan que la estadística tienen un papel fundamental para entender el mundo actual y avanzar en su conocimiento y que planifican, realizan experimentos o estudios observacionales y recolectan datos para su posterior análisis. Aunque está centrado en el ámbito clínico, los principios y consejos sirven en todo los campos tanto de las ciencias como otros (economía, farmacia, ciencias sociales, etc).

Está concebido desde la óptica de un profesor universitario que trabaja diariamente con otros científicos ayudándoles a diseñar y planificar sus experimento, recolectando datos, comprobando la calidad de los mismos y finalmente analizando estadísticamente aquellos para ofrecer respuesta a las diferentes hipótesis planteadas.

La Matemática es la base de los avances técnicos que están presentes en la vida cotidiana. Vivimos en la sociedad del conocimiento y cada día, requiere más esfuerzo de formación tanto para vivir en ella como para incorporarse a las tareas productivas... ¿Cómo adecuarse a las mejoras y cambios tecnológicos globales, teniendo una sociedad sin bases y sin herramientas matemáticas? ¿Qué decir del big-data que nos afecta a todos? ¿Nos afecta realmente? ¿Se basa en las matemáticas o en la estadística o en ambos?

El análisis de datos en matemáticas trata de entender el mundo, cómo pasan las cosas, cómo tratar de observar todo desde fuera. La ciencia física ha usado aquella desde hace cinco siglos; la química, desde que se descubrió la tabla periódica hace dos siglos; y la biología, desde hace un siglo, ya que la teoría de la evolución es una teoría matemática básicamente, aunque los biólogos no escriban ecuaciones están pensando matemáticamente. No se entendería la genómica y la bioinformática, tan actuales, sin las matemáticas.

La estadística, que debe entenderse como una parte de las matemáticas, se ha convertido en un método práctico para describir los valores de datos económicos, políticos, sociales, psicológicos, médicos, biológicos y físicos, como herramienta para relacionar y analizar dichos datos. El trabajo del estadístico no consiste sólo en obtener, reunir o tabular los

PERSPECTIVA INICIAL

datos, sino sobre todo el proceso de interpretación de esa información solo o en colaboración con los expertos en cada ámbito. A pesar de que es imposible entender la Sociedad de la Información sin la estadística.

La estadística tiene una utilidad no sólo en aspectos científicos si no que también sirve para todo tipo de investigación científica (social, médica, económica, etc) si se tiene en cuenta que los datos estadísticos son el resultado de varios casos de entre los cuales se toma un promedio. Así, una estadística puede servir para una investigación científica al demostrar que un porcentaje determinado de los casos observados representa un resultado particular y no otro (ver http://www.importancia.org/estadistica.php).

La metodología que utiliza el Diseño de Experimentos (DOE) estudia cómo variar las condiciones habituales de realización de un proceso empírico para aumentar la probabilidad de detectar cambios significativos en la variable de respuesta, es muy importante que para ello el experimento esté bien diseñado y los datos recogidos sean correctos y representativos. En la investigación empírica es muy frecuente que en la repetición de un experimento en idénticas condiciones para el investigador, los resultados obtenidos presenten cierta variabilidad.

La metodología del diseño de experimentos (en general aplicable a todo tipo de estudios científicos) estudia cómo realizar comparaciones en el mes homogéneas posible para aumentar

12 CAPÍTULO 1. INTRODUCCIÓN

Figura 1.1: Experimento (Fuente: http://www.picserver.org/e/experiment.html)

la probabilidad de detectar los cambios o identificar las variables influyentes. Cuando haya mucha variabilidad entre los resultados o un gran error experimental, sólo detectaremos como influyentes aquellos tratamientos que produzcan cambios muy grandes en relación al error experimental. Sólo podremos establecer relaciones de causalidad cuando el experimento ha sido bien diseñado, aunque este tema es muy amplio y debe estar soportando por evidencias sólidas, no sólo empíricas.

El control de calidad de los datos es un paso imprescindible pero frecuentemente obviado, a veces es un paso más crítico que el de la propia planificación del experimento o estudio posterior o el del análisis estadístico posterior.

Este libro, en realidad una recopilación, se basa en parte

PERSPECTIVA INICIAL

en material libre encontrado en internet y en los apuntes de clase de Diseño de Experimentos y Análisis de Datos (DEAD) utilizados por los diferentes profesores de la Sección de Estadística del Departamento de Genética, Microbiología y Estadística de la Universidad de Barcelona en la que el propio autor es profesor desde hace 6 cursos.

Finalmente como indican Rodríguez-Sánchez y otros (2016) en el artículo Çiencia reproducible: qué, por qué", debe prestarse una especial atención a la reproducibilidad de los estudios científicos, a si los datos tienen una buena calidad, han sido correctamente obtenidos y si son suficientemente representativos del problema a resolver.

Este libro también se basa en:

Antonio Monleón Getino. 2008. Introducción a la simulación de los ensayos clínicos. PPU. Barcelona. y en:

Monleón T. 2005. Optimización de los ensayos clínicos de fármacos mediante simulación de eventos discretos, su modelización, validación, verificación y la mejora de la calidad de sus datos. [Tesis doctoral presentada el 21 de octubre de 2005. Universidad de Barcelona. Disponible en: http://www.tesisenxarxa.net/TDX-0112106-093218].

y también en:

Villar P. 2016. CUADERNO DE PRÁCTICAS DE ECOLOGÍA (2º grado en Biología). DEPARTAMENTO ECOLOGÍA. UNIVERSIDAD DE ALCALÁ

Contiene también un script de R con instrucciones para hacer data management en R y para obtener números aleatorios en el diseño de un experimento con bloques y fármacos.

El método científico

El método de investigación conlleva una serie de pasos sistemáticos que nos lleva a un conocimiento científico. Estos pasos nos permiten llevar a cabo una investigación, es el denominado método científico. A pesar de todo ello no es infalible. El aplicar sistemáticamente los pasos del método científico no asegura de por si los resultados deseado por el investigador, en muchos casos se debe comenzar de nuevo desde el principio nuevamente.

Existen dos métodos científicos de investigación, el teórico y el empírico, que da base a las ciencias experimentales.

El método científico arranca de un hecho de observación: un fenómeno de la naturaleza, un comportamiento, etc, nos llama la atención. Nuestra inquietud naturalista de científicos nos induce a ofrecer una explicación, y a querer saber si realmente estamos en lo cierto o no. Para que los esfuerzos de distintas personas contribuyan a una mayor comprensión de cómo funciona la naturaleza hemos de seguir un método común. De esa manera nuestras interpretaciones serán comparables entre sí, y las distintas interpretaciones podrán ser comprobadas en cualquier momento. Este método se denomina Método Científico, y lo emplea un gran número de disciplinas, tanto experimentales como no experimentales (Villar P, 2016).

En cada de las fases del método científico adquiere particularidades propias dependiendo del objeto de estudio. Las fases, en general, son:

1. Definición del problema

2. Revisión de antecedentes (bibliográfica, etc.)

3. Planteamiento de hipótesis

4. Valoración empírica de la hipótesis

5. Interpretación: aceptación o rechazo de la hipótesis

La investigación empírica permite al investigador hacer una serie de investigaciones referente al problema que plantea, a partir de la experiencia de otros autores. También conlleva efectuar el análisis preliminar de la información, así como verificar y comprobar las concepciones teóricas.

"Entre los métodos empíricos tenemos:

- Observación: Fue el primer método utilizado por los científicos y en la actualidad continua siendo su instrumento universal. Permite conocer la realidad mediante la sensopercepción directa de entes y procesos, para lo

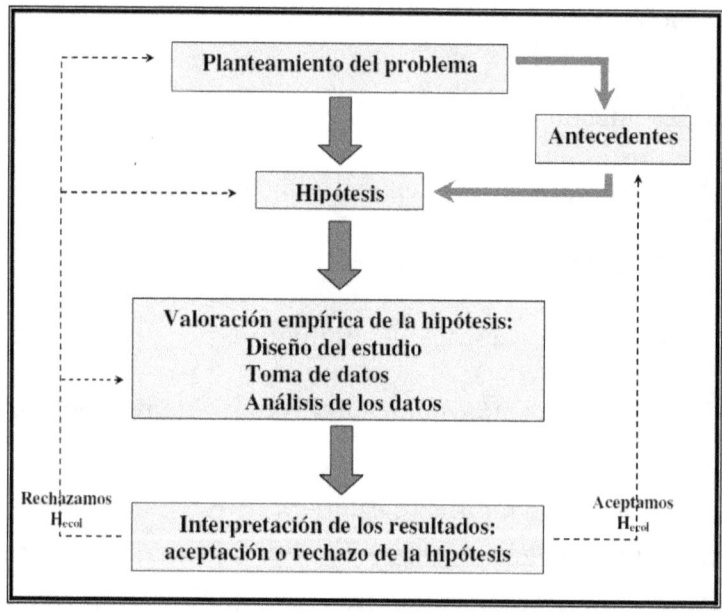

Figura 1.2: Esquema del método científico (Fuente: Villar P, 2016. Cuadernillo de ecología)

EL MÉTODO CIENTÍFICO 17

cual debe poseer algunas cualidades que le dan un carácter distintivo. Es el más característico en las ciencias descriptivas.

- Medición: Es el método empírico que se desarrolla con el objetivo de obtener información numérica acerca de una propiedad o cualidad del objeto, proceso o fenómeno, donde se comparan magnitudes medibles conocidas. Es la asignación de valores numéricos a determinadas propiedades del objeto, así como relaciones para evaluarlas y representarlas adecuadamente. Para ello se apoya en procedimientos estadísticos.

- Experimento: Es el más complejo y eficaz de los métodos empíricos, por lo que a veces se utiliza erróneamente como sinónimo de método empírico. Algunos lo consideran una rama tan elaborada que ha cobrado fuerza como otro método científico independiente con su propia lógica, denominada lógica experimental."

Fuente (Métodos científicos de investigación,Ortiz-Frida, 2005:

https://www.ecured.cu/M%C3%A9todos_Cient%C3%ADficos_de_Investigaci%C3%B3n)

Una ampliación del tema puede verse en: El Proceso de Investigación Científica (Rojas Soriano, 2004).

El Teorema de Godel

Veamos antes de entrar en materia un poco de la filosofía en que se basa el método científico y hablemos de si todo es determinable y tratable empíricamente.

En 1931, el matemático checo Kurt Gödel demostró que dentro de cualquier rama dada de las matemáticas, siempre habría algunas proposiciones que no podían ser probadas ni verdaderas ni falsas usando las reglas y axiomas ... de esa misma rama matemática. La implicación es que todo sistema lógico de cualquier complejidad es, por definición, incompleto; Cada sistema contiene, en un momento dado, declaraciones más verdaderas de las que puede probar de acuerdo con su propio conjunto de reglas definitorias.

Este teorema interpretado en el sentido del diseño de experimentos nos dice que no todo puede ser probado ni demostrado y este hecho debe tenerse en cuenta cuando se realiza un experimento estudio para responder a una pregunta en ciencia.

Se atribuye a Godel la frase: **"I don't believe in empirical science, I only believe in a priori truth!"** que respondió a Goldstein tras comentarle este un nuevo descubrimiento.

El principio de la ciencia reproducible

En el interesante artículo: Rodríguez-Sánchez, F., Pérez-Luque, A.J. Bartomeus, I., Varela, S. 2016. Ciencia reproducible: qué, por qué, cómo. Ecosistemas 25(2): 83- 92", se indica el principio de la repoducibilidad de los artículos científicos y en general de los estudios científicos de la siguiente manera, y que debe ser una filosofía de trabajo a seguir. Aquí se reproduce el abstrac del artículo que puede encontrarse en:

http://www.revistaecosistemas.net/index.php/ecosistemas/article/viewFile/1178/973/Ciencia reproducible: qué, por qué, cómo. Ecosistemas 25(2)

"La inmensa mayoría de los estudios científicos no son reproducibles: resulta muy difícil, si no imposible, trazar todo el proceso de análisis y obtención de resultados a partir de un conjunto de datos – incluso tratándose de los mismos investigadores. La trazabilidad y reproducibilidad de los resultados son sin embargo condiciones inherentes a la ciencia de calidad, y un requisito cada vez más frecuente por parte de revistas y organismos financiadores de la investigación. Los estudios científicos reproducibles incluyen código informático capaz de recrear todos los resultados a partir de los datos originales. De esta manera el proceso de análisis queda perfectamente registrado, se reduce drásticamente el riesgo de errores, y se facilita la reutilización de código para otros análisis. Pero la ciencia reproducible no sólo acelera el progreso científico sino que también reporta múltiples beneficios para el investigador como el ahorro de tiempo y esfuerzo, o el incremento de la calidad e impacto de sus publicaciones. En este artículo explicamos en qué consiste la reproducibilidad, por qué es necesaria en ciencia, y cómo podemos hacer ciencia reproducible. Presentamos una serie de recomendaciones y herramientas para el manejo y análisis de datos, control de versiones de archivos, organización de ficheros y manejo de programas informáticos que nos permiten desarrollar flujos de trabajo reproducibles en el contexto actual de la ecología"(Rodríguez-Sánchez et al, 2016)

Trazabilidad de un estudio

Según el Comité de Seguridad Alimentaria de AECOC se define trazabilidad de un alimento a:

"Se entiende trazabilidad como el conjunto de aquellos procedimientos preestablecidos y autosuficientes que permiten conocer el histórico, la ubicación y la trayectoria de un producto o lote de productos a lo largo de la cadena de suministros en un momento dado, a través de unas herramientas determinadas."

En los estudios debe hacerse algo parecido para lograr que se verifique el principio de ciencia reproducible. La definición de criterios de trazabilidad en análisis clínicos y en general en los estudios científicos es muy importante para lograr que sus mediciones puedan ser reproducibles (medir siempre lo mismo) y exactas, así se evitará resultados erróneos en los estudios clínicos que conduzcan a diagnósticos equivocados y la repetición de análisis y a la consecuencia pérdida económica.

Capítulo 2

Ciencia experimental

El experimento, es el más complejo y eficaz de los métodos empíricos existentes, por lo que a veces se utiliza erróneamente como sinónimo de método empírico, aunque debe recordarse que existen otros métodos empíricos como se ha comentado anteriormente.

Cada experimento es una pregunta que se hace a la naturaleza (Por ejemplo:¿funcionará mejor este fármaco nuevo que el ya conocido? ¿Es mejor este proceso industrial o aquel?), por lo tanto, para que las respuestas no sean confusas o contradictorias, es necesario que el mismo sea:

1. Técnicamente planeado

2. Cuidadosamente conducido

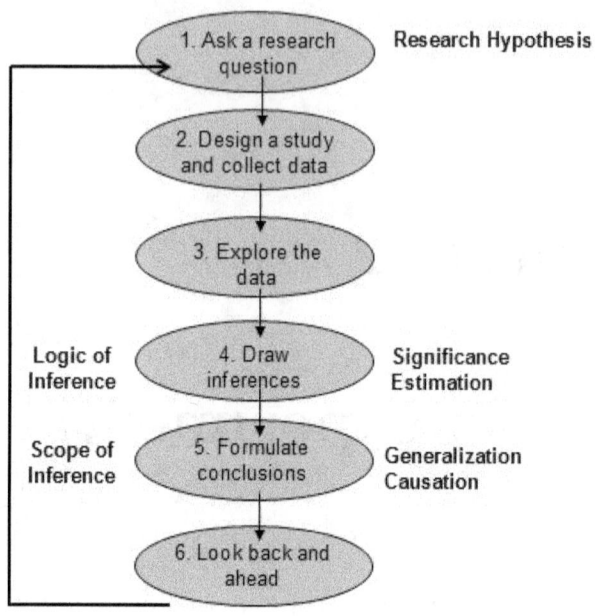

Figura 2.1: Fases del diseño de un experimento o estudio

3. Adecuadamente analizado

4. Cautelosamente interpretado

5. Muestra (datos) de buena calidad y suficientemente representativa

Por lo general, un experimento es realizado por una o varias de las razones siguientes: Identificar las principales causas de variación en la respuesta:

- Encontrar las condiciones que permitan alcanzar un valor ideal en la respuesta

- Comparar las respuestas a diferentes niveles de factores controlados por el investigador

- Construir modelos estadísticos que permitan obtener predicciones de la respuesta

Los modelos de diseño de experimentos son modelos estadísticos con el objetivo de investigar si unos determinados factores influyen en una variable de interés y, si existe esta influencia por parte de algún factor, cuantificar su influencia.

Las técnicas de diseño experimental, en general, se basan en estudiar simultáneamente los efectos de todos los factores de interés de forma eficaz, con mejores resultados y menor gasto posible.

Valoración empírica de la hipótesis

La valoración empírica de la hipótesis es la fase clave en la respuesta a nuestra pregunta científica. La primera decisión a tomar es si lo más adecuado para contrastar nuestra hipótesis es hacer un estudio observacional o experimental, es decir, si vamos a plantear un muestreo de campo o un experimento. En ambos casos habrá que determinar qué variables se van a medir, cómo se van a recoger los datos (es decir, qué tipo de

CAPÍTULO 2. CIENCIA EXPERIMENTAL

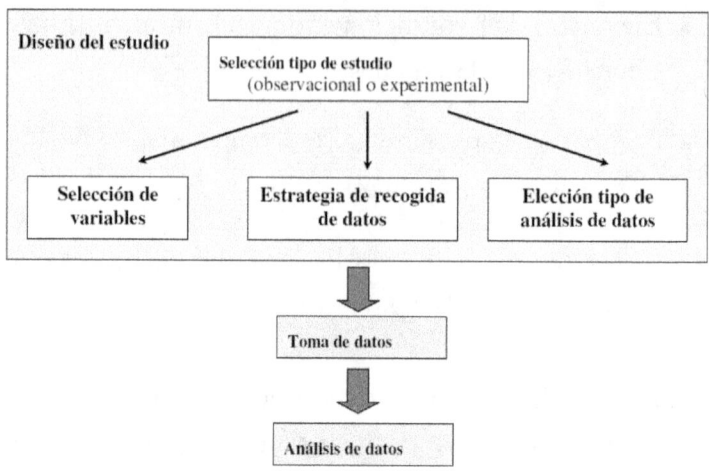

Figura 2.2: Estudio experimental o observacional

muestreo o de experimento se va a llevar a cabo), y cuáles van a ser los análisis que se van a realizar para poder responder a nuestra pregunta. Una vez tomadas estas decisiones podremos hacer la recogida efectiva de los datos y su análisis (Villar P, 2016)

Para más ampliación, ver en Cuaderno de prácticas de ecología en el link:

https://www.uco.es/servicios/informatica/windows/filemgr/download/ecolog/Cuaderno%20metodos%20investigacion.pdf

Variabilidad biológica

Uno de los motivos que justifican la realización de experimentos y estudios es la variabilidad de la medida, sumamente importante en los estudios biomédicos y otros en general.

La biología y la práctica clínica indican que no hay dos sujetos iguales. Así, por ejemplo la farmacología demuestra que la misma dosis de fármaco provoca una intensidad de respuesta distinta en diferentes pacientes o animales de laboratorio. Esta variabilidad es debida, en parte, a la farmacocinética (diferente absorción, metabolismo y excreción del fármaco) y también es de tipo farmacodinámico (interacción fármaco-receptor), por causas de tipo genético, ambiental o del curso clínico de las enfermedades (agudas, crónicas, etc.) (Laporte, 1993).

La variabilidad inter e intraindividual de los efectos de los tratamientos (ej: fármacos) en los sujetos tratados obliga a abordar el problema desde una perspectiva de grupo, y no individual, aunque también existen estudios con 1 sólo individuo y el efecto de diversos tratamientos (estudios n=1).

Un ejemplo pueden ser los análisis farmacocinéticos poblacionales, como el de la ribavirina (tratamiento de la hepatitis C crónica), donde se han empleado los valores de la concentración sérica recogidos de manera muy dispersa en cuatro ensayos clínicos controlados. El modelo de aclaramiento desarrollado mostró que las principales covariantes eran el peso

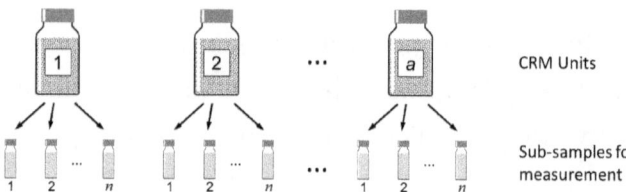

Figura 2.3: En un experimento es importante disponer de más de una réplica por condición experimental (Fuente: Wikimedia)

corporal, el sexo, la edad y la creatinina sérica. En los hombres, el aclaramiento fue, aproximadamente, un 20 % mayor que en las mujeres. El aclaramiento aumentó en función del peso corporal y disminuyó en las edades superiores a los 40 años. Los efectos de estas covariantes sobre el aclaramiento de la ribavirina parecen poseer una limitada significación clínica, dada la sustancial variabilidad residual que no tenía en cuenta el modelo (Monleón - Getino, A. 2008)

Un ejemplo importante: ¿Por qué hacer estudios con fármacos?

Este ejemplo es sumamente importante por las implicaciones que tiene y ya que es fácilmente generalizable a otros utilizados en las disciplinas experimentales, tales como experimentos con animales, experimentos con procesos industriales, plantas, etc.

La evaluación del efecto de los fármacos comprende 2 aspectos:

1. Identificación del efecto: experiencia clínica + rigor metodológico.

2. Cuantificación del efecto: medición de la intensidad de la respuesta en uno o varios pacientes, o en términos de pacientes que responden al tratamiento.

Actualmente se utilizan diversos métodos para establecer la relación causa-efecto entre fármaco y enfermedad. La observación en un solo paciente puede sugerir la posibilidad de una nueva propiedad de un fármaco, o de un efecto adverso en él. En los estudios de casos y controles, se describe la asociación entre un factor (fármaco, narcótico, tóxico, etc.) y la aparición de un nuevo estado clínico, que puede apuntar a una relación de causalidad. Estos criterios no aseguran que estas observaciones sean debidas a la causalidad, pero pueden ayudar a descartar la posibilidad de coincidencia entre la exposición a un factor y los acontecimientos clínicos.

Los estudios clínicos en que se compara el estado clínico de una población de pacientes antes y después de la administración del fármaco no permiten establecer relaciones de causalidad, ya que la mayoría de enfermedades tienen un curso impredecible, así muchas enfermedades graves pueden causar brotes con remisiones espontáneas. Las personas tienen tendencia a modificar su comportamiento al ser objeto de interés y eventualmente responder según la atención que se les da, con independencia de la naturaleza de la intervención. Otro motivo de la ineficacia de los ensayos no controlados es la regresión a la media: los pacientes que presentan valores extremos de una distribución (enfermos) tienden por término medio a presentar valores menos extremos en las mediciones siguientes (Monleón - Getino, A. 2008).

Causalidad y determinismo

Continuemos en este apartado con la filosofía de los experimentos y del método científico, muy importante para entender todo lo que de aquí se derivará.

La causalidad se refiere a la forma de saber que una cosa causa otra. Los primeros filósofos, como mencionamos antes, se concentraron en cuestiones y preguntas conceptuales (¿por qué?). Los filósofos posteriores se concentraron en cuestiones y preguntas más concretas (¿cómo?). El cambio en el énfasis de lo conceptual a lo concreto coincide con el surgimiento del empirismo. Hume es probablemente el primer filósofo que postula una definición completamente empírica de la causalidad. Por supuesto, tanto la definición de çausaçomo la "forma de saber"si X e Y están causalmente vinculados han cambiado significativamente con el tiempo. Algunos filósofos niegan la existencia de la çausa; algunos filósofos que aceptan su existencia, argumentan que nunca puede ser conocido por métodos empíricos. Los científicos modernos, por otra parte, definen la causalidad en contextos limitados (por ejemplo, en un experimento controlado).

La evidencia científica en ciencias y en especial en ciencias de la salud tiene que ver en la actualidad con los conceptos básicos de la causalidad y de la estadística. Establecer la casualidad entre dos elementos es fundamental para establecer evidencia científica; a su vez la estadística proporciona conocimiento sin el cual es difícil argumentar causalidades. Ello es difícil pero no imposible. Si además consideramos los fenómenos de naturaleza médica, biomédica y biológico-social resulta ineludible argumentar la situación actual y explicar sus componentes.

Existen muchísimas referencias sobre el significado de la causalidad en medicina y especialmente en el campo epidemiológico como en "Cultura Estadística e Investigación Científica en el

Campo de la Salud: Una Mirada Crítica" de LC Silva (1997) donde se indica que el valor de una asociación (correlación estadística) son indicios de causalidad si poseen ciertos rasgos que incrementan el valor de esta asociación. Estos siete rasgos que se denominan los criterios de Bradford Hill, son habitualmente utilizados por epidemiólogos y científicos para establecer causalidad. Se reproducen aquí los comentados por Gálvez y Rodríguez-Contreras en "Teoría de la causalidad en epidemiología" (1992):

1. Fuerza de la asociación: la correlación o el indicio debe ser claro, por ejemplo una correlación moderada a alta. Si el indicio de asociación fuera un riesgo relativo (RR) o un odds ratio, seria interesante que este fuera 2 o superior.

2. Secuencia temporal: se requiere que el factor de riesgo anteceda al comienzo del efecto que provoca. Para que se produzca **SIDA** el individuo tiene que haber estado expuesto al virus **VIH**.

3. Efecto dosis-respuesta: la interpretación causal es más plausible si la frecuencia de aparición de la enfermedad se incrementa con la dosis, nivel y tiempo de exposición de la enfermedad. Un ejemplo de este apartado podría ser el de la exposición crónica a la radiación ionizante que causa leucemia y otros cánceres, existe una relación entre la enfermedad y dosis, nivel y tiempo a su

exposición.

4. Consistencia: Es un buen indicio de causalidad la constancia y la reproductibilidad de la asociación. Si existen diferentes estudios con poblaciones, métodos y periodos diferentes que llegan a la misma conclusión es un buen indicio de causalidad. Una obra de referencia sobre causalidad y metanálisis puede encontrarse en De Regil y Casanova (2008).

5. Consistencia empírica o pausibildad biológica: la asociación entre los fenómenos debe tener una base empírica, clara, y soportada por estudios anteriores en el de los conocimientos científicos y biológicos actuales. Puede ocurrir que el momento actual no existan conocimientos científicos para soportar las observaciones realizadas, aunque debe existir que las deducciones realizadas se basen en la existencia de un mecanismo biológico plausible que explique la relación causa-efecto. Por ejemplo el VIH no fue identificado hasta 1984 como el agente causante del SIDA, enfermedad descrita años antes, aunque ya desde un primer momento se planteó que era causada por un agente infeccioso.

6. Especificidad de la asociación: si el factor estudiado está asociado con una enfermedad, de forma que la introducción de dicho factor se sigue de la aparición de la enfermedad y su retirada de la eliminación de ella,

la interpretación es más sencilla. Una patología como la enfermedad de las válvulas cardíacas tiene múltiples factores de riesgo, como son la edad avanzada y los problemas cardíacos, las infecciones y la faringitis sin tratar, que pueden provocar fiebre reumática, entre otros.

7. Evidencia experimental: esta es la prueba causal por excelencia, aunque es difícil probarla por las implicaciones éticas que tiene. Normalmente suele probarse en animales o en el laboratorio, por ejemplo con tejidos o células.

El determinismo científico es un paradigma científico que considera que, a pesar de la complejidad del mundo y su impredictibilidad práctica, el mundo físico evoluciona en el tiempo según principios o reglas totalmente predeterminadas y el azar es solo un fenómeno aparente (Wikipedia, 2016).

En la ciencia, el determinismo como filosofía no podría sobrevivir sin la visión newtoniana (mecanicista) del universo. La teoría cuántica trajo el azar (probabilidad) a la teoría física a principios del siglo XX, ya que el principio de incertidumbre de Werner Heisenberg mostró que algunos eventos eran inherentemente impredecibles.

(Monleón - Getino, A. 2008)

Cum hoc ergo propter hoc

Cum hoc ergo propter hoc (en latín, 'con esto, por tanto a causa de esto'), es una falacia que se comete al inferir que dos o más eventos están conectados causalmente porque se dan juntos. Esto es, la falacia consiste en inferir que existe una relación causal entre dos o más eventos por haberse observado una correlación estadística (r) entre ellos. (Wikipedia, 2015) En general, la falacia reside en que dados dos eventos, A y B, al descubrir una correlación estadística entre ambos, es un error inferir que A causa B porque podría ser que B cause A, o también podría ser que un tercer evento cause tanto A como B, explicando así la correlación. Existen al menos otras cuatro posibilidades:

1. Que B sea la causa de A.

2. Que haya un tercer factor desconocido que sea realmente la causa de la relación entre A y B.

3. Que la relación sea tan compleja y numerosa que los hechos sean simples coincidencias.

4. Que B sea la causa de A y al mismo tiempo A sea la de B, es decir, que estén de acuerdo, que sea una relación sinérgica o simbiótica donde la unión cataliza los efectos que se observan.

Base estadística

Para este apartado véase Monleón y Rodríguez (2015), "Probabilidad y estadística para ciencias.PPU"

A partir de la información aprovechable, el análisis estadístico pretende obtener una serie de conclusiones generales sobre la población, formulando una o varias hipótesis acerca de los datos. La estadística establece criterios de aceptación o no de las hipótesis que se plantean a partir de los datos, en términos de probabilidad (P-valor)(Monleón, 2005, Monleón y Rodríguez, 2015).

La estadística inferencial trata de establecer conclusiones relacionadas con la población mediante la extrapolación de los resultados obtenidos de la muestra a la población de procedencia. Las características que definen a la población se denominan parámetros poblacionales y las que definen la muestra, estadísticos muestrales o estimadores (ejemplo: medida de la probabilidad (P) de incidencia de una enfermedad y su estimador la frecuencia relativa (fr) de la enfermedad).

El diseño experimental es una técnica estadística que permite identificar y cuantificar las causas de un efecto dentro de un estudio experimental. En un diseño experimental se manipulan deliberadamente una o más variables, vinculadas a las causas, para medir el efecto que tienen en otra variable de interés (Wikipedia, 2016).

Deben llevarse a cabo estudios observacionales y experimentos

BASE ESTADÍSTICA 37

		Decision	
		Accept	Reject
Null Hypothesis	True	Correct Decision Probability is 1-α called confidence level	TYPE I ERROR probability of making error is α (always known) minimize by decreasing α (the significance level)
	False	TYPE II ERROR probability of making error is β (rarely known) minimize β by increasing difference of alternative hypothesis, increasing sample size, increasing α, or by choosing a different test	Correct Decision probability is 1-β called power of test power is determined by significance level, alternative hypothesis, sample size, and nature of test

Figura 2.4: Tipos de errores obtenidos en un contraste de hipótesis (Fuente internet)

con un o varios grupos de muestras y no con un sola muestra, ya que existe una enorme variabilidad en la respuesta entre los diferentes individuos, aunque presenten características similares. La valoración del efecto del tratamiento deberá hacerse en una muestra de individuos para extrapolar posteriormente los resultados al resto de la población.

La formulación de las hipótesis corresponde a la redacción numérica de la pregunta u objetivo del estudio, que tras ser evaluado su resultado permitirá decidir aceptar o rechazar las hipótesis formuladas mediante un contraste de hipótesis. Las hipótesis estadísticas formuladas en todo estudio son dos: la hipótesis nula o H0 y la hipótesis alternativa o HA, que son mutuamente excluyentes. La H0 es la hipótesis que se considera cierta antes de iniciar el estudio y en ausencia de resultados del mismo, por lo que el objetivo del estudio será decidir, con los datos obtenidos, si se acepta una hipótesis distinta (HA). Para la evaluación del cumplimiento o no cumplimiento de HA, se calcula un valor característico de la muestra, denominado estadístico. A partir de dicho estadístico, se define la región crítica o el rango de valores y, en el caso de que el estadístico esté dentro de la región crítica, podremos aceptar HA y rechazar H0.

La aceptación o no aceptación de HA se basa en criterios estadísticos, por lo que está sujeta a dos tipos de errores distintos, tal y como se describe en la figure 2.3. La aceptación de HA cuando ésta es falsa, siendo cierta H0, equivale a un error tipo I (alfa o falso positivo, mientras que el rechazo de HA cuando ésta es cierta, siendo falsa H0, equivale a un error tipo II (beta) o falso negativo. A partir del error de tipo II, se define el poder estadístico (potencia) del estudio como la probabilidad (1-beta) de aceptar HA cuando es cierta. También se define la potencia como la capacidad que posee una prueba estadística para detectar diferencias significativas de una cierta magnitud. La potencia dependerá en gran medida del tamaño muestral.

Un modelo frecuente en muchos tipos de variables utilizadas habitualmente en los estudios indica que existe una tendencia de los valores alrededor de la media y menos observaciones a medida que nos acercamos a los extremos del rango de valores. Si el número (n) de observaciones es grande, las distribuciones de frecuencia adoptan una forma de campana: campana de Gauss o distribución normal. Es una función continua que tiende asintóticamente a infinito por los extremos, y cuyos

BASE ESTADÍSTICA

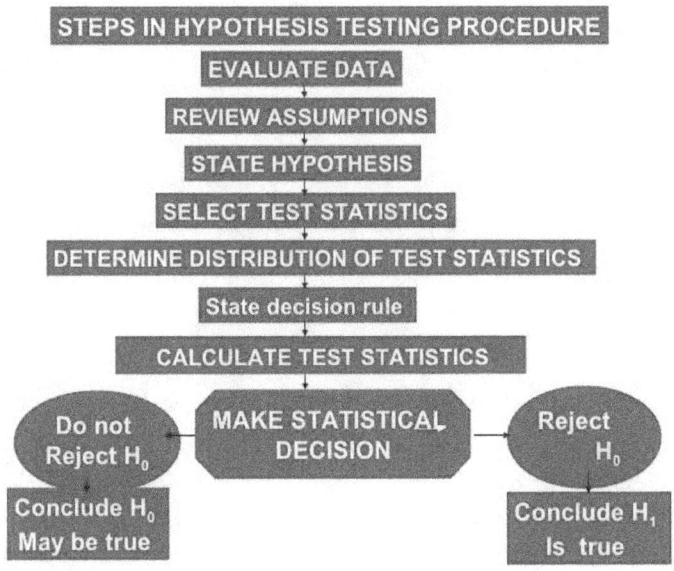

Figura 2.5: Pasos en un test de hipótesis (Fuente: internet)

valores X se estandarizan a valores Z en una función normal de media 0 y desviación estándar 1, N(0,1) (Monleón y Rodríguez, 2015).

Para el diseño y análisis de estudios de investigación, especialmente de aquellos de tipo clínico, véase la obra:"Monleón T, Hernández JC, Carreño A. 2003d. Planificación de un estudio clínico. Metodología de investigación y estadística en oncología y hematología. Novartis Oncology. Barcelona: Ed. Editec.z tambien en:

Monleón-Getino T. 2016. Diseño de experimentos, su análisis y diagnóstico. https://www.researchgate.net/publication/304283596_Diseno_de_experimentos_su_analisis_y_diagnostico

Sesgos

En toda investigación ya sea experimento o estudio, la validez y la precisión de los resultados pueden estar influidos por los errores, que pueden ser resultado de la variación aleatoria (azar) o de la desviación sistemática de los resultados (sesgo). Independientemente del tema y los objetivos de un estudio o experimento, que pueden ser de mayor o menor interés para la comunidad científica, lo que siempre se debe perseguir es que el estudio sea preciso y válido.

La prevención y el control de sesgos potenciales debe preve-

SESGOS

OBJETIVO DEL ESTUDIO	Tipo de variables				
	Cuantitativas (a partir de una población normal)	Rango, escala o cuantitativas (a partir de población no normal)	Binomial (2 posibles respuestas)	Tiempo de supervivencia	
Descripción de un grupo	Media, DE	Mediana, rango intercuartílico	Proporción, frecuencia	Curva de supervivencia de Kaplan-Meier	
Comparar un grupo con un valor hipotético	Prueba t-Student	Prueba de Wilcoxon	Prueba Ji- cuadrado, Prueba binomial		
Comparar 2 grupos independientes	Prueba t-Student datos independientes	Prueba de Mann-Whitney	Prueba de Fisher (Ji-cuadrado para muestras grandes)	Prueba de Log-rank o Prueba de Mantel-Haenszel	
Comparar 2 grupos apareados	Prueba t-Student datos apareados	Prueba de Wilcoxon	Prueba de McNemar	Regresión condicional de riesgos porporcionales	
Comparar 3 ó más grupos independientes	ANOVA, grupos independientes	Test de Kruskal-Wallis	Prueba Ji- cuadrado	Regresión de Cox riesgo proporcional	
Comparar 3 ó más grupos apareados	ANOVA, medidas repetidas	Prueba de Friedman	Cochran Q	Regresión condicional de riesgos porporcionales	
Cuantificar la asociación entre las variables	Correlación de Pearson	Coeficiente no paramétrica de Spearman o Kendall	Coeficiente de contingencia		
Predecir el valor a partir de otra variable medida	Regresión lineal y no lineal	Regresión no paramétrica	Regresión logística	Regresión de Cox de riesgos porporcionales	

Figura 2.6: Diferentes tipos de test de hipótesis y métodos estadísticos (Fuente Monleón

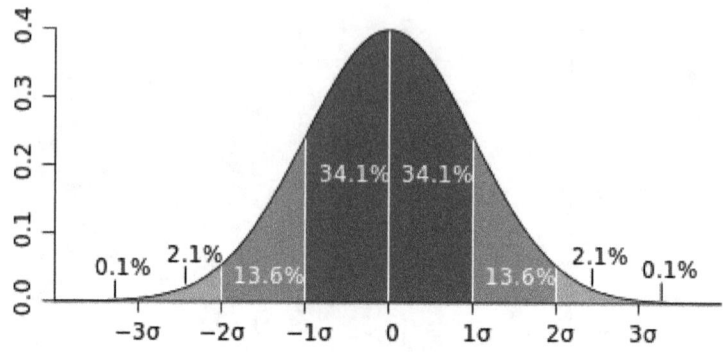

Figura 2.7: EDistribución de probabilidades normal (Fuente: Wikimedia)

nirse durante el diseño del estudio o experimento, ya que en el análisis no va a ser posible solucionar los sesgos de selección e información. Por el contrario, los factores de confusión sí pueden ser controlados en el análisis. Dichos factores de confusión van a producir una distorsión en la estimación del efecto, en el sentido de que el efecto observado en la población en estudio es una mezcla de los efectos debidos a una tercera (o más) variables (Pita-Fernández, 1996).

Precisión y validez de un estudio o experimento

La meta fundamental que todo estudio o experimento debe perseguir es la agudeza en la medición. Por ello, todo lo que amenace esta correcta medición debe ser identificado y corregido. Los principales elementos que amenazan estas mediciones son:

- Error aleatorio.

- Error sistemático, que en general se conoce como sesgo.

La carencia de error aleatorio se conoce como precisión y se corresponde con la reducción del error debido al azar. Para reducir este error, el elemento más importante del que se dispone es incrementar el tamaño de la muestra, con lo que aumentamos la precisión. Los intervalos de confianza y el error estándar se reducen al aumentar el tamaño muestral. Es por tanto necesario desde un principio preocuparse por el tamaño muestral del estudio que vamos a efectuar, definiendo la precisión y la seguridad del mismo.

La precisión también se puede mejorar modificando el diseño del estudio para aumentar la eficiencia de la información que se obtiene de los sujetos del estudio. La carencia del error sistemático se conoce como validez. Esta validez tiene dos componentes:

- La validez interna, que es la validez de las inferencias a los sujetos reales del estudio.

- La validez externa o generalización, en tanto se aplica a individuos que están fuera de la población del estudio.

La validez interna es, por tanto, un prerrequisito para que pueda darse la externa.

La validez interna, que es la que implica validez de inferencia para los propios sujetos de estudio, se ve amenazada por los sesgos.

Se entiende por sesgos, en un estudio clínico, los errores sistemáticos que producen una estimación incorrecta de asociación entre la exposición y la enfermedad. En definitiva, producen una estimación equivocada del efecto.

Cuando hacemos un estudio o interpretamos sus resultados, nos podemos preguntar: ¿podrían los resultados deberse a algo que los autores no han tenido en consideración? ¿O por otras causas?

Algunos sesgos importantes en los estudios científicos son los siguientes:

- Los grupos del estudio no son comparables, debido a cómo fueron seleccionados los pacientes (sesgos en la selección).

- Los grupos de pacientes del estudio no son comparables, debido a cómo se obtuvieron los datos (sesgos en la información).

- Los autores no han recogido información (o la han obtenido, pero no la han utilizado) sobre un factor que se relaciona a la vez con la exposición y con el efecto estudiado (factor de confusión).

Sego de selección

Tal como indican Roset y col. (2003), este sesgo hace referencia a la distorsión o sesgo en la estimación del efecto derivado de la forma cómo se han seleccionado los sujetos en la muestra de estudio. No existe garantía de haber incluido a todos los casos de una población y período concreto, corriendo el riesgo de perder representatividad.

Este sesgo se puede cometer:

- Al seleccionar al grupo control.

- Al seleccionar el espacio muestral donde se llevará a cabo el estudio.

- Por pérdidas en el seguimiento.

- Por la presencia de una supervivencia selectiva.

En los estudios experimentales, el asignar aleatoriamente a los pacientes entre grupos de tratamiento permite controlar gran parte de este sesgo, ya que el nivel de participación de los individuos no suele ser diferente entre los grupos de estudio.

Los sesgos de selección pueden presentarse también en los estudios de casos y controles (Pita-Fernández, 1996) cuando el procedimiento utilizado para identificar el estatus de enfermedad (sesgo diagnóstico) varía o se modifica con el estatus de su exposición. Este sesgo se llama sesgo de detección.

Los sesgos de selección son un problema fundamental en los estudios de casos y controles, y en los estudios de cohortes retrospectivos, donde la exposición y el resultado final ya han ocurrido en el momento en que los individuos son seleccionados para el estudio. Los sesgos de selección son poco probables en los estudios de cohortes prospectivos, porque la exposición se determina antes de la presencia de enfermedad de interés. En todos los casos, cuando el sesgo de selección ocurre, el resultado produce una relación entre exposición y enfermedad que es diferente entre los individuos que entraron en el estudio que entre los que, pudiendo haber sido elegidos para participar, no fueron elegidos.

Según describe Pita-Fernández (1996), el poder evitar este tipo de sesgo depende en gran medida de que el investigador conozca las fuentes de sesgo potenciales. En los estudios de casos y controles, se recomienda utilizar dos grupos control para evitar sesgos de selección, ya que desde el punto de vista práctico es muy costoso. Uno de éstos puede ser una muestra poblacional, lo que posibilita el detectar el posible sesgo de selección al hacer estimaciones del efecto por separado. Si obtenemos la misma estimación del efecto en los controles poblacionales que con los otros controles, podremos asumir que no hay sesgos en la selección de los mismos. A pesar de todo, siempre existe la posibilidad remota de que las dos estimaciones tuviesen el mismo grado de sesgo. Otra recomendación es utilizar muchas patologías como grupo control en lugar de pocas patologías y comprobar que las frecuencias de exposición son similares entre los diferentes grupos diagnosticados en los controles. En los estudios de seguimiento, se debe asegurar un seguimiento completo en ambos grupos.

Sesgo de información u observación

Este sesgo incluye cualquier error sistemático en la medida de información sobre la exposición que se debe estudiar o los resultados. Los sesgos de observación o información se derivan de las diferencias sistemáticas en las que los datos sobre exposición, o resultado final, se obtienen de los diferentes grupos. El rehusar o no responder en un estudio puede introducir sesgos si la tasa de respuesta está relacionada con el estatus de exposición. El sesgo de información es una distorsión en la estimación del efecto por errores de medición en la exposición o enfermedad, o en la clasificación errónea de los sujetos.

Las fuentes de sesgo de información más frecuentes son:

- Instrumento de medida no adecuado.

- Criterios diagnósticos incorrectos.

- Omisiones.

- Imprecisiones en la información.

- Errores en la clasificación.

- Errores introducidos por los cuestionarios o los encuestadores.

Los errores de clasificación son una consecuencia directa del sesgo de información. Esta clasificación puede ser diferencial si el error de clasificación es independiente para ambos grupos o no diferencial si el error de clasificación es igual para ambos grupos de estudio, produciéndose una dilución del efecto con una subestimación del mismo.

Los encuestadores pueden introducir errores de clasificación diferencial si conocen las hipótesis del estudio y la condición del entrevistado. Este tipo de problema se puede controlar por medio de:

- Desconocimiento del entrevistado.

- Desconocimiento de las hipótesis de estudio.

- Utilización de cuestionarios estructurados.

- Tiempos de ejecución de la entrevista definitiva.

- Utilización de pocos entrevistadores.

Los sesgos, el azar y la presencia de variables confusoras deben, finalmente, tenerse en cuenta siempre como explicación posible de cualquier asociación estadística, ya sea ésta positiva, negativa o no existente.

Tipos de estudios de investigación

Los estudios de investigación se dividen entre los experimentales y los no experimentales, denominados a veces estudios de campo o observacionales. Desde el punto de vista del diseño de experimentos y el análisis estadística hay un mayor control en el caso de los estudios experimentales.

Los modelos del diseño de experimentos se pueden aplicar a datos no experimentales con cierto peligro de caer con errores como:

- Inconsistencia de los datos
- Fuerte correlación entre variables
- Rango limitado de las variables controladas

El tema de la clasificación de los estudios de investigación es muy amplio y dependerá del ámbito de trabajo y de lo regulado que esté en cada caso el uso de los diferentes tipos de diseños que se utilicen para resolver las preguntas planteadas. Existen numerosos tipos de diseños y estudios para alcanzar objetivos específicos de investigación, muchos de ellos con nombre propio, los cuales sin embargo no constituyen un único sistema de clasificación.

Asi pueden identificarse diferentes tipos de estudios o diseños (Ver en

http://www.saludinvestiga.org.ar/pdf/tutorias/Articulo1_Tipo_de%20estudio_disenio.pd)

- La existencia de actividades que modifican las condiciones iniciales: es decir la implementación o no de acciones destinadas a modificar las condiciones de la unidad de investigación modificando un posible factor causal, las que se denominan tratamiento o intervención. Algunos diseños son:

  - EXPERIMENTALES
  - CUASI-EXPERIMENTALES
  - NO EXPERIMENTALES.

- El tipo de actividad que se implementa para la modificación de las condiciones iniciales: la modificacion de las condiciones iniciales mediante la manipulación de un factor en una unidad de investigación puede hacerse seleccionando a la misma en forma aleatoria o no, es decir por algún tipo de sistematica. Algunos diseños son:

- EXPERIMENTALES
- CUASI EXPERIMENTALES

- El número de Actividades de observación: la medición de las variables en estudio puede hacerse en una o mas ocasiones y antes (PRETEST) o después de la aplicación del tratamiento (POSTEST).

- El tipo de ente en el que se efectúan las actividades de observación: sobre un elemento del objeto blanco de la inferencia, o sobre otro ente surrogante:

- OBSERVACIÓN DIRECTA
- INDIRECTA

Tipos de estudios clínicos/epidemiológicos

Es habitual dividir los estudios clínicos (Monleón y col., 2003d) en experimentales y no experimentales. En los estudios experimentales, se produce una manipulación de una exposición determinada en un grupo de individuos que se compara con otro grupo en el que no se ha intervenido, o al que se expone a otra intervención. Cuando el experimento no es posible, se diseñan estudios no experimentales que simulan de alguna forma el experimento que no se ha podido efectuar.

2. Advantages and disadvantages of the experimental method

Advantages	Disadvantages
• Ability to manipulate Independent Variable • Use of control group • Control of extraneous variables • Replication possible • Field experiments possible	• Artificiality of labs • Non-representative sample • Expensive • Focus on present and immediate future • Ethical limitations

Figura 2.8: Ventajas y desventajas del método científico (Fuente: internet)

TIPOS DE ESTUDIOS DE INVESTIGACIÓN   53

Existen muchos tipos y clasificaciones (Monleón, 2005), que básicamente se encontrarán en la tabla de la figura 2.9.

En la tabla anterior se resumen los diferentes tipos de estudios. Si ha existido manipulación, pero no aleatorización, se habla de estudios cuasi-experimentales. Existen diferentes clasificaciones de los diferentes estudios, y así también algunos autores describen los estudios como se señalan en la tabla.

Desde el punto de vista de la clasificación de la evidencia científica según el diseño del estudio, los estudios pueden ordenarse de acuerdo al esquema presentado en la figura 2.9.

Ensayos clínicos controlados

Son aquellos estudios clínicos experimentales en que se da un grupo control o de referencia. Constituyen los estudios clínicos por excelencia.

En los estudios experimentales, los sujetos que participan son seleccionados a partir de una población y distribuidos al azar en tantos grupos como se requiera, que en general serán 2, el de los pacientes tratados con el fármaco experimental y el de los pacientes tratados con el fármaco control (placebo o fármaco de efectos conocidos [fármaco de referencia]).

La asignación al azar de los pacientes permite que, tomada una muestra de pacientes suficiente, se distribuyan al azar también las variables pronóstico del estudio (edad, grado de

54 CAPÍTULO 2. CIENCIA EXPERIMENTAL

Tipos de estudios clínicos/epidemiológicos

Experimentales
- Ensayo clínico
- Ensayo de campo
- Ensayo comunitario de intervención

No experimentales
- Estudios ecológicos
- Estudios de prevalencia
- Estudios de casos y controles
- Estudios de cohortes o de seguimiento

Tipos de estudios epidemiológicos II

DESCRIPTIVOS
- En poblaciones
  - Estudios ecológicos
- En individuos
  - A propósito de un caso
  - Series de casos
  - Transversales/prevalencia

ANALÍTICOS
- Observacionales
  - Estudios de casos y controles
  - Estudios de cohortes (retrospectivos y prospectivos)
- Intervención
  - Ensayo clínico
  - Ensayo de campo
  - Ensayo comunitario

Figura 2.9: Clasificación de los estudios clínicos/epidemiológicos (de Pita-Fernández, 1996)

evolución de la enfermedad, otras patologías, otros fármacos que tome el paciente, etc.). Esto constituirá parte de la asignación aleatoria de los grupos. Cualquier diferencia que se detecte entre los grupos de tratamiento se deberá a los tratamientos farmacológicos y no a otras variables que puedan influir, otorgando causalidad al tratamiento.

Otros tipos de estudios son los observacionales, que se llevan a cabo cuando no pueden desarrollarse los de tipo experimental por razones organizativas o éticas, y en donde se observa la realidad. En estos estudios, no puede asegurarse que otros factores diferentes al tratamiento o la variable del estudio no influyan en un grupo u otro de manera diferente. Cuando no se pueda efectuar una asignación aleatoria de los tratamientos a los pacientes, se puede optar por 2 vías: estudio de cohortes y estudio de casos y controles.

Aspecto experimental de los ensayos clínicos controlados

Desde el punto de vista experimental, el ensayo clínico es un experimento planificado que tiene por objeto evaluar la eficacia de las intervenciones médicas o quirúrgicas.

Sus fases conceptuales son:

1. Selección de pacientes a partir de una población de referencia: a partir de la población de pacientes con la

enfermedad de interés.

2. Distribución aleatoria de los participantes en el grupo de control y del grupo experimental.

3. Aplicación de las investigaciones previstas (en protocolo).

4. Medida de los resultados.

Deben tenerse en cuenta, y en cada una de las fases, los sesgos que pueden cometer.

En primer lugar, debe formularse el objetivo del ensayo clínico, que determinará los criterios de inclusión y exclusión de los pacientes, el tipo de ensayo clínico, el número de pacientes, la duración del ensayo y los parámetros o las variables clínicas que se van a medir.

También ha de escribirse de manera cuidadosa un protocolo de cómo se desarrollará el estudio, con un apartado para la metodología estadística y otro de cómo se recogerá la información (data management).

Fases de los ensayos clínicos

Los estudios efectuados en la fase de desarrollo de un fármaco se clasifican en cuatro grandes grupos según la fase de desarrollo en la que se encuentra el fármaco son:

TIPOS DE ESTUDIOS DE INVESTIGACIÓN

- Fase I

- Fase II

- Fase III

- Estudios observacionales o Fase IV

Las principales diferencias de los estudios desarrollados en las cuatro fases derivan del número de pacientes que se tiene que evaluar y de los objetivos que se han de cumplir. A medida que se va obteniendo más información sobre el fármaco en fase de desarrollo, y que éste va superando pruebas, se va aumentando el número de pacientes incluido en los estudios. Desde el punto de vista de los objetivos, las primeras fases pretenden conocer el perfil farmacocinético y de seguridad; las fases posteriores, su eficacia clínica, y la última, la efectividad en la práctica clínica.

En la primera fase de desarrollo de los fármacos, fase I, se pretende la definición y caracterización de nuevos tratamientos farmacológicos en humanos, para posteriormente evaluar su eficacia y seguridad. El objetivo de la investigación durante esta fase crucial es establecer la tolerabilidad y factibilidad de los fármacos, por lo que se definirá una dosis de tratamiento que sea segura para poder establecer posteriormente su eficacia.

58 CAPÍTULO 2. CIENCIA EXPERIMENTAL

La fase I suele llevarse a cabo con voluntarios sanos, excepto en los casos en que se ponga en juego la vida de aquéllos, ya que los efectos adversos relacionados con el tratamiento son leves y no deben producir daño al estar perfectamente controlados. En ocasiones, los objetivos pueden ser la búsqueda de datos farmacocinéticos o farmacodinámicos.

Según Laporte (1993) el objetivo de los estudios de fase II es conocer la farmacocinética del nuevo fármaco, así como su farmacodinamia (naturaleza de la acción farmacológica y relaciones dosis/respuesta). En fase II se identifican nuevos regímenes terapéuticos y se pretende decidir cuáles deben ser evaluados en futuras fases del fármaco. En esta fase se describen los estudios de prueba de concepto o de principio mecanístico farmacodinámico (PoC, proof of concept; Pop, proof of principle).

Los estudios en fase III constituyen la fase definitiva en la evaluación de nuevos tratamientos. Se incluyen centenares de pacientes con indicación del tratamiento de estudio, buscando una mayor evidencia de la eficacia y seguridad del medicamento y su comparación con otros fármacos o con otras pautas terapéuticas. Su objetivo es evaluar la eficacia del tratamiento respecto a un tratamiento estándar y comparar la incidencia y la gravedad de los acontecimientos adversos también en comparación con el tratamiento estándar. En algunas enfermedades o fases específicas de una determinada afección, puede no existir ningún tratamiento estándar, por lo que en

TIPOS DE ESTUDIOS DE INVESTIGACIÓN   59

estos casos el efecto del nuevo tratamiento se compara respecto al placebo. La asignación de los pacientes entre los grupos de estudio se hace de forma aleatoria, lo que permite obtener grupos de pacientes totalmente homogéneos, evitando de esta forma el sesgo de confusión.

La última fase de desarrollo, fase IV, es posterior a la comercialización del producto, y se llevan a cabo estudios con el objetivo de obtener más información sobre el perfil de efectividad y seguridad del fármaco, haciéndose estudios en muestras muy superiores a las anteriores (incluso de miles de pacientes) y con tiempos de seguimiento también superiores. Los estudios de la fase IV son estudios desarrollados una vez las autoridades sanitarias han admitido el registro del nuevo fármaco tras las fases I-III y éste se ha comercializado, por lo que los objetivos que motivan la investigación son diversos. Los objetivos generales de los estudios de la fase IV son la presencia y la detección de efectos adversos y su causalidad (farmacovigilancia), la eficacia en condiciones habituales (efectividad) y la búsqueda de nuevas indicaciones.

Extrapolación de los ensayos clínicos a la práctica clínica habitual

Para extrapolar los resultados clínicos a la práctica clínica habitual, pueden llevarse a cabo ensayos clínicos pragmáticos que respeten las condiciones de la práctica clínica habitual con asignación aleatoria de los tratamientos, o mediante estudios descriptivos y analíticos para el desarrollo de estudios de utilización de medicamentos.

En la tabla de la figura 2.10 se resumen las diferencias entre el uso de fármacos en el ensayo clínico de fase III y la práctica clínica habitual. Estos ensayos clínicos, previos a la comercialización del fármaco, sólo ofrecen una primera impresión de los efectos adversos potenciales.

Poblaciones de análisis: Análisis de intención de tratar (ITT)

En los últimos años se ha estandarizado la utilización de métodos científicos, estadísticos y epidemiológicos en el diseño de los estudios utilizados para comprobar diferentes teorías acerca del diagnóstico y el tratamiento que sean lo más reales posibles. Dentro de este contexto, aparecen los estudios aleatorizados y controlados, que constituyen, por ahora, la mejor manera de acercar a la realidad los ensayos clínicos.

Sin embargo, el análisis de la información obtenida por aquellos puede ser manipulado de variadas formas, en ocasiones para el beneficio de la empresa privada o para satisfacer al autor en su necesidad de demostrar sus objetivos. Otras veces, los datos se presentan de forma real pero incompleta, lo que necesariamente altera los resultados finales, y por tanto la percepción que se tiene sobre las conclusiones del estudio.

TIPOS DE ESTUDIOS DE INVESTIGACIÓN

Características	Ensayo clínico controlado EFICACIA	Práctica clínica habitual EFECTIVIDAD
N.º pacientes	100-1.000	10.000-10.000.000
Problema estudiado	Bien definido	Mal definido (y con enfermedades asociadas)
Duración	Días-semanas	Días a años
Población	Se excluye a los pacientes con contraindicaciones, mujeres gestantes, niños, ancianos, etc.	Toda la población Heterogeneidad
Otros tratamamientos	No (se evitan)	Suelen tomar más de un fármaco
Dosis	Fijas	Variables
Forma de uso	Continua	Intermitente
Condiciones	Seguimiento riguroso, paciente informado	Seguimiento menos riguroso, paciente poco informado

Figura 2.10: Diferencias entre eficacia y efectividad de los medicamentos (de Monleón, 2005)

La validez del estudio dependerá en gran medida de la representatividad de la muestra con respecto a la población de procedencia. Así pues, la muestra elegida debe reproducir la población de origen, al menos en todos aquellos aspectos que se suponen, a priori, que influyen en el estudio. La población objeto de estudio debe ser recogida en el protocolo del estudio clínico y quedar bien enmarcada dentro de la hipótesis de trabajo. Suelen considerarse diferentes poblaciones o grupos de análisis tales como:

- Población por intención de tratar (ITT).

- Población por protocolo (PP).

- Todos los pacientes aleatorizados (TPA).

Con el fin de ajustar los resultados de los ensayos a la práctica clínica real (tabla figura 2.10), surge la necesidad de utilizar el análisis del grupo ITT. Tal como su nombre señala, este método estadístico busca incluir dentro del análisis final de los datos a todos los pacientes que en algún momento fueron candidatos a recibir el(los) esquema(s) de intervención terapéuticos propuesto(s) dentro del estudio.

Si en un estudio se incluyó una muestra inicial de 100 pacientes y, después de los abandonos de tratamiento, de las muertes de pacientes relacionadas o no con el tratamiento y de la exclusión por otros motivos, la muestra final es de 80 pacientes (población PP), el análisis estadístico suele hacerse sobre

TIPOS DE ESTUDIOS DE INVESTIGACIÓN

la muestra final del estudio (80), de tal forma que, si 40 pacientes se beneficiaron, entonces se afirma que el 50 % de los pacientes se beneficiarán de este tratamiento. Sin embargo, esto no es necesariamente cierto, puesto que los 20 pacientes que se retiraron del estudio por diferentes razones (que no necesariamente se relacionan con su enfermedad o con el tratamiento) no fueron incluidos en la población final y, por tanto, el denominador, en el momento de efectuar los cálculos, varía indefectiblemente, beneficiando o perjudicando uno de los resultados.

La definición de análisis de intención de tratar ha sido empleada de muy diferentes maneras. En un estudio exhaustivo (Hollis y Campbell, 1999) en el que se revisaron todos los ensayos controlados aleatorizados publicados durante el año de 1997 en cuatro prestigiosas revistas del área médica (British Medical Journal, The Lancet, New England Journal of Medicine y JAMA), el 48 % de los estudios reportaron su análisis como ITT, pero cada uno evaluó las variables y a los pacientes de formas diferentes, por lo que la definición de «análisis de intención de tratar (ITT)» se modificó repetidamente.

Según Hollis y Campbell (1999), el análisis ITT debe aplicarse al análisis de datos resultantes de un estudio para el que debe obtenerse la mayor cantidad posible de información acerca de todos los pacientes que se incluyeron inicialmente en el estudio, independientemente de que lo hayan completado o no. Al reducir los factores de error derivados exclusivamente del medio experimental, esta población estudiada se acerca más a la población de la práctica diaria y, por tanto, los resultados obtenidos cobran una validez mayor. Así, se permite la descripción de la efectividad (si en realidad sirve o no), más que la eficacia (a qué pacientes sirve), de un tratamiento propuesto, y eventualmente se pueden implicar cambios en las políticas de manejo de las diversas patologías.

Esta manera de abordar la información es particularmente útil (y necesaria) en los estudios pragmáticos. Un estudio pragmático es un estudio prospectivo, controlado y aleatorizado que puede ser ciego o no, en el cual se comparan dos tipos de tratamiento de una patología en particular, por ejemplo el uso de cirugía versus angioplastia para obstrucción de las arterias coronarias en pacientes postinfarto. No hay comparación con placebo, puesto que lo que se busca es evaluar la efectividad de ambos tratamientos y elegir el mejor. Si a través del análisis ITT se evalúan todos los pacientes adecuadamente y se controlan las variables, entonces la información obtenida será confiable.

Factores que afectan al análisis ITT

El control de las variables que intervienen en el análisis ITT es complejo. En primer lugar, para poder llevar a cabo un análisis significativo y útil debe disponerse de toda la información necesaria y, según los autores, frecuentemente la información

TIPOS DE ESTUDIOS DE INVESTIGACIÓN

es incompleta, lo que genera fallos en la interpretación de los resultados.

La inclusión de un número absoluto de pacientes conlleva interrogantes como la utilidad de incluir a los pacientes que no iniciaron el estudio por razones ajenas a la aleatorización y al control del estudio, puesto que en condiciones normales tampoco hubieran recibido el tratamiento. En segundo lugar, se ha expresado la necesidad de englobar dentro del análisis ITT a los pacientes que no cumplieron el tratamiento de forma adecuada, ya que la falta de adherencia al tratamiento puede ser un factor importante en la práctica clínica y los resultados que proporcionen los pacientes con tratamientos incompletos son valiosos.

Para ajustar de mejor forma los resultados a la práctica clínica, el análisis de intención de tratar debe abarcar también a los pacientes incluidos de forma errónea. De acuerdo con Hollis y Campbell (1999), si esto ocurre dentro de un estudio controlado, es aún más probable que pueda ocurrir en la vida real.

El análisis del grupo ITT implica no sólo el manejo de los resultados obtenidos, sino también un diseño del estudio que debe ser suficientemente controlado y adecuado para permitir que esta estrategia de evaluación de la información funcione correctamente. Idealmente, el diseño debe ser suficientemente claro acerca de los criterios de exclusión e inclusión, las variables que se han de evaluar y el objetivo principal. Debe obtenerse la mayor cantidad de información de los pacientes y hacer un seguimiento de los que abandonan el tratamiento y, en el momento de hacer su análisis, incluirlos a todos dentro del grupo al que se asignaron inicialmente (100, en el ejemplo). El informe de los resultados debe efectuarse de acuerdo con los datos obtenidos con el análisis del grupo ITT, y así describirlo. Debe describirse la información que falta y las implicaciones que esta ausencia de información tiene para el resultado final.

Principios de diseño de experimentos

Algunas definiciones importantes en el diseño de experimentos son:

- Variable Respuesta: es la variable en estudio, aquella cuyos cambios se desean estudiar. Es la variable dependiente (Y).

- Factor: es la variable independiente. Es la variable que manipula el investigador, para estudiar sus efectos sobre la variable dependiente (Xi).

- Nivel Del Factor: es cada una de las categorías, valores o formas específicas del factor.

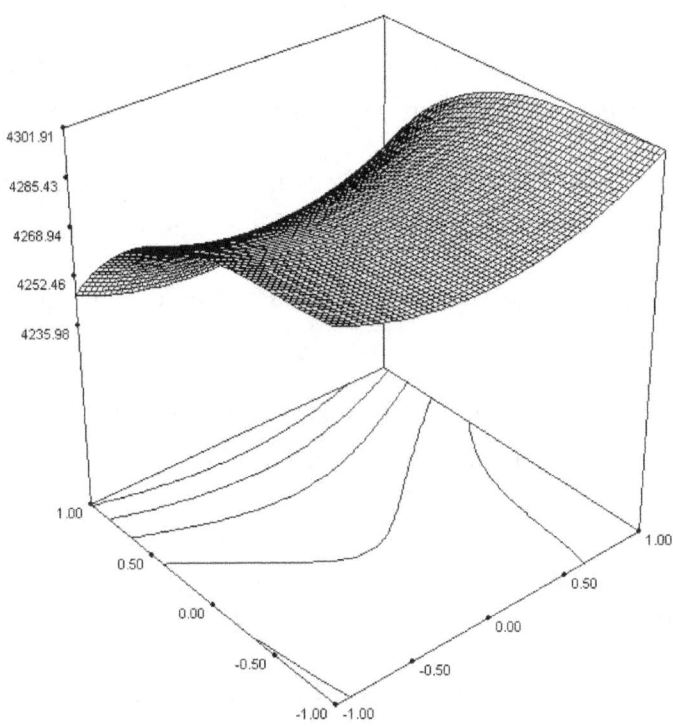

Figura 2.11: Análisis de un experimento mediante el método de la superficie de respuesta (Fuente: Wikimedia)

- Factor Cualitativo: sus niveles se clasifican por atributos cualitativos.

- Factor Cuantitativo: sus niveles son cantidad numérica en una escala.

- Factores Observacionales: El investigador registra los datos pero no interfiere en el proceso que observa.

- Factores Experimentales: El investigador intenta controlar completamente la situación experimental.

- Experimento Unifactorial: es aquel en el se estudia un solo factor.

- Experimento Multifactorial: es aquel en el que se estudia simultáneamente más de un factor.

- Tratamientos: Conjunto de condiciones experimentales que serán impuestas a una unidad experimental en un diseño elegido.

  - En experimentos unifactoriales, un tratamiento corresponde a un nivel de factor.
  - En experimentos multifactoriales, un tratamiento corresponde a la combinación de niveles de factores.

- Unidad Experimental: es la parte más pequeña de material experimental expuesta al tratamiento, independientemente de otras unidades.

PRINCIPIOS DE DISEÑO DE EXPERIMENTOS

- Error Experimental: Describe la variación entre las unidades experimentales tratadas de forma idéntica e independiente.

- Orígenes del error experimental: Variación natural entre unidades experimentales debidas a:

    1. Variabilidad en la medición de la respuesta
    2. Imposibilidad de reproducir idénticas condiciones del tratamiento de una unidad a otra
    3. Interacción de tratamientos con unidad experimental
    4. Cualquier factor externo (ej: accidente, contratiempo, etc)

- Tratamiento Control: Un control al que no se le aplica tratamiento revelará las condiciones en que se realiza el experimento.

- Mediciones: Son los valores de la variable dependiente (Y), obtenidos de las unidades experimentales luego de la aplicación de tratamientos.

TONIMON - FALTA EL MARKDOWN

Selección de los pacientes y tamaño muestral

Este tema, es algo general para todos los diseños de estudio de investigación. El cálculo del tamaño muestral es un muy importante y aunque aquí se orienta al diseño de estudios clínicos, se puede generalizar a cualquier otro tipo.

En el protocolo del ensayo clínico, se especifica cómo van a reclutarse los pacientes y los criterios de inclusión y exclusión de éstos. También se especificará la cantidad de pacientes necesarios para el ensayo.

La fuente de reclutamiento de los pacientes puede ser muy diversa: centros de atención primaria, hospitales, etc., y dependiendo de estas fuentes puede resultar que presenten una gravedad de la enfermedad mayor o menor (enfermos de cardiopatía de atención primaria o ingresados en el servicio de cirugía vascular de un hospital).

Los criterios de inclusión pueden ser más o menos restrictivos según los objetivos del ensayo. De esta forma, en muestras de pacientes homogéneas (criterios muy estrictos) será más fácil detectar diferencias entre fármacos, en el caso en que se presenten, mientras que en muestras más heterogéneas (criterios menos estrictos) será más difícil detectar diferencias, pero las conclusiones del ensayo serán aplicables a una población de referencia más amplia.

SELECCIÓN DE LOS PACIENTES Y TAMAÑO MUESTRAL

Los criterios de exclusión afectan también a la homogeneidad y la validez externa del ensayo clínico. Estos criterios se aplican también para prevenir posibles efectos adversos a pacientes de grupos de riesgo elevado o que puedan presentar contraindicaciones específicas a alguno de los tratamientos probados.

Respecto al tamaño de la muestra, dependerá principalmente de 3 factores:

1. La homogeneidad de las poblaciones del estudio: Las muestras más homogéneas presentan más probabilidades de detectar pequeñas diferencias, en el caso de poblaciones heterogéneas será necesaria una mayor cantidad de muestra.
2. Grado de las diferencias que se han de medir.
3. Errores tipo I (α) y tipo II (β) que se consideren aceptables.

El error de tipo I (α) consiste en rechazar la hipótesis nula cuando ésta es verdadera, es decir afirmar que existen diferencias entre los 2 grupos de fármacos cuando en realidad no existen.

El error de tipo II (β) consiste en afirmar que no existen diferencias cuando éstas en realidad existen. El poder estadístico del estudio es 1-β, generalmente se fija en 0,8 a 0,9.

Para ver diferentes ejemplos de cálculo del tamaño muestral véase en:

Monleón T, Pérez P, Moral I. 2003e. Métodos estadísticos. Metodología de investigación y estadística en oncología y hematología. Novartis Oncology. Barcelona: Ed. Editec.

Asignación aleatoria

Da lugar a una distribución equilibrada de las características de los pacientes entre los diferentes grupos de tratamiento. Asegura que los grupos de pacientes incluidos en el ensayo sean semejantes en todas las características relevantes menos en el tratamiento que cada uno recibe.

La asignación aleatoria de los tratamientos experimentales se lleva a cabo tras comprobar los criterios de inclusión/exclusión de los pacientes. El paciente debe autorizar por escrito su deseo de participar en el ensayo, mediante el documento denominado consentimiento escrito o consentimiento informado.

Una modalidad de asignación aleatoria de los tratamientos es la asignación por bloques. Este procedimiento asegura que las principales características pronósticas conocidas se distribuyan de manera equilibrada entre los grupos de tratamiento. Por ejemplo, si la edad o el sexo constituyen un factor pronóstico de peso, primero se forman los estratos según estas variables y los pacientes de cada estrato son distribuidos al

ASIGNACIÓN ALEATORIA

azar entre las diferentes modalidades de tratamiento. También puede considerarse como factor pronóstico el centro u hospital donde se desarrollen los ensayos.

Si se desea asegurar que más de una variable se distribuya simultáneamente de manera equilibrada entre los grupos de tratamiento, se aplica el método de minimización de bloques, en donde se asignan nuevos pacientes de forma que la suma de los pacientes de cada bloque quede equilibrada, según todos los estratos relevantes (sexo, edad, centro, etc.).

Un escript sencillo para obtener un listado de números aleatorios con R para obtener asignación aleatoria puede encontrarse en R-bloggers:

https://www.r-bloggers.com/example-2014-2-block-randomization/

```
seed=42
blocksize = 20
N = 40
set.seed(seed)
block = rep(1:ceiling(N/blocksize), each = blocksize)
a1 = data.frame(block, rand=runif(length(block)), envelope= 1: length(block))
a2 = a1[order(a1$block,a1$rand),]
a2$arm = rep(c("drug 1", "drug 2"),times = length(block)/2)
assign = a2[order(a2$envelope),]
assign
```

El listado para 40 pacientes aleatorizados es el siguiente:

```
##   block       rand envelope    DRUG
## 1     1 0.914806043        1  drug 2
## 2     1 0.937075413        2  drug 2
## 3     1 0.286139535        3  drug 2
## 4     1 0.830447626        4  drug 1
```

```
##  5  1 0.641745519   5 drug 2
##  6  1 0.519095949   6 drug 2
##  7  1 0.736588315   7 drug 2
##  8  1 0.134666597   8 drug 2
##  9  1 0.656992290   9 drug 1
## 10  1 0.705064784  10 drug 2
## 11  1 0.457741776  11 drug 1
## 12  1 0.719112252  12 drug 1
## 13  1 0.934672247  13 drug 1
## 14  1 0.255428824  14 drug 1
## 15  1 0.462292823  15 drug 2
## 16  1 0.940014523  16 drug 1
## 17  1 0.978226428  17 drug 2
## 18  1 0.117487362  18 drug 1
## 19  1 0.474997082  19 drug 1
## 20  1 0.560332746  20 drug 1
## 21  2 0.904031387  21 drug 2
## 22  2 0.138710168  22 drug 2
## 23  2 0.988891729  23 drug 2
## 24  2 0.946668233  24 drug 1
## 25  2 0.082437558  25 drug 1
## 26  2 0.514211784  26 drug 1
## 27  2 0.390203467  27 drug 1
## 28  2 0.905738131  28 drug 1
## 29  2 0.446969628  29 drug 2
## 30  2 0.836004260  30 drug 1
## 31  2 0.737595618  31 drug 2
## 32  2 0.811055141  32 drug 1
## 33  2 0.388108283  33 drug 2
## 34  2 0.685169729  34 drug 1
## 35  2 0.003948339  35 drug 1
## 36  2 0.832916080  36 drug 2
## 37  2 0.007334147  37 drug 2
## 38  2 0.207658973  38 drug 1
## 39  2 0.906601408  39 drug 2
## 40  2 0.611778643  40 drug 2
```

Enmascaramiento

Las personas tienden a hacer aquello que se espera que hagan y los pacientes tienden a evolucionar como se espera de ellos que evolucionen. Por tanto, es necesario que el paciente y también el investigador desconozcan el tratamiento que se asigne al paciente, ya que el investigador puede pensar que un tratamiento puede ser más beneficioso que otro, en detrimento del otro tratamiento.

La forma de llevar a cabo el enmascaramiento suele ser el doble ciego, así tanto el paciente como el investigador desconocen el tratamiento asignado. Es necesario que la forma de administración, el color, el sabor y el aspecto sean iguales en los 2 tratamientos. De esta manera, en los ensayos en que se comparan vías diferentes de administración, se pueden dar problemas de una correcta realización del enmascaramiento, y pueden solucionarse dando placebo a los pacientes.

Por ejemplo, si los pacientes del grupo de tratamiento A reciben el fármaco por vía oral y los pacientes del grupo B lo reciben por vía venosa, a los pacientes del grupo A se les suministrará placebo por vía venosa y a los del grupo B, placebo por vía oral.

No siempre deben hacerse ensayos con enmascaramiento doble ciego: por ejemplo, si existe un riesgo innecesario para el paciente, o no es posible disponer de una fórmula galénica adecuada, o si los efectos farmacológicos de los fármacos permiten detectar uno u otro tratamiento, o si puede perjudicar la relación médico-paciente.

Efectos de factores pobres o poco soportado con los datos

Sólo será justificable incluir este efecto en un modelo estadístico si es necesario en el modelo, o bien si se demuestra mediante un análisis exploratorio que es necesario teniendo en cuenta unos determinados límites. Hay que llevar a cabo un análisis de sensibilidad de las conclusiones obtenidas por el modelo a partir de las asunciones efectuadas en el mismo.

Un modelo ofrece una representación de la realidad. George Box decía:

"Todos los modelos son falsos, pero algunos son útiles".

Si es necesario efectuar extrapolaciones con éste, ha de ser válido; si se extrapola con un modelo no válido, las conclusiones serán incorrectas. Si las respuestas que ofrece el modelo son incorrectas, quizás la representación o validez del modelo sean incorrectos.

"Una mala representación del modelo es peor que una no representación"

Dado un modelo, éste debe responder a la pregunta de si los datos reales se ajustan a los parámetros del mismo. Para ello se calcularán los parámetros del modelo a partir de los datos y, a partir de n simulaciones del modelo (incertidumbre del modelo), se debe comparar lo que se parece uno a otro y en qué medida.

Capítulo 3

Data management

El control de calidad de los datos es un paso imprescindible pero frecuentemente obviado o puesto como secundario, a veces es un paso más crítico que el de la propia planificación del experimento o estudio posterior o el del análisis estadístico posterior. Si los datos son incorrectos o están mal recogidos las conclusiones pueden no ser ciertas.

Siempre se introducen errores, ya sea en la toma de datos en el campo o al introducirlos en un ordenador, y es importante detectarlos y depurarlos. La utilización de plantillas que restrinjan el tipo de datos introducido (e.g. fecha en un formato determinado, valores numéricos dentro de un rango determinado, especie a elegir de un listado predefinido) evita la introducción de muchos errores desde el principio. En cualquier caso, es conveniente realizar un control de calidad final comprobando que todos los datos se ajustan a unos valores adecuados o razonables. Este control de calidad puede hacerse de manera reproducible e iterativa mediante funciones de importación de datos que incluyen tests para comprobar la validez de los datos (Rodríguez-Sánchez y otros, 2016).

Algunos lugares imteresantes para consultar son: http://ropensci.org/blog/2015/06/03/baad

Además, es importante seguir algunas normas básicas de estructuración de la base de datos (Wickham 2014) para facilitar su análisis posterior (e.g. ver http://kbroman.org/dataorg/ o http://kbroman.org/dataorg/ o en http://www.datacarpentry.org/spreadsheet-ecology-lesson/).

La calidad de la información

Antes de poder analizar estadísticamente los datos, es necesario proceder a su recogida de forma ordenada y sistemática y tratar los cuestionarios o cuadernos de recogida de datos (CRF: case report form) de manera electrónica si es posible. Este proceso se denomina gestión de datos o data management (DM). Este proceso viene definido por las guías ICH de gestión de datos clínicos en el caso clínico.

Muchos errores o defectos durante las conclusiones del estudio se producen por defectos en el proceso de gestión de datos,

LA CALIDAD DE LA INFORMACIÓN

por lo que es un proceso crítico.

La investigación es un proceso no exento de imperfecciones, especialmente en cuestiones relativas a su: • Gestión. • Comunicación. • Coordinación. • Planificación.

La información contenida en el cuaderno de recogida de datos (CRF), base de datos o donde se recojan los datos del estudio puede estar presente pero ser incorrecta o ser ausente. Debe tenerse en cuenta la legislación, ya que en esta se recogen en ocasiones leyes específicas para el tratamiento de la información.

Ley Orgánica española 15/1999

La Ley Orgánica española 15/1999 de 13 de diciembre de Protección de Datos de Carácter Personal, (LOPD), es una ley orgánica española que tiene por objeto garantizar y proteger, en lo que concierne al tratamiento de los datos personales, las libertades públicas y los derechos fundamentales de las personas físicas, y especialmente de su honor, intimidad y privacidad personal y familiar. Fue aprobada por las Cortes Generales el 13 de diciembre de 1999. Esta ley se desarrolla fundamentándose en el artículo 18 de la constitución española de 1978, sobre el derecho a la intimidad familiar y personal y el secreto de las comunicaciones.

Su objetivo principal es regular el tratamiento de los datos y ficheros, de carácter personal, independientemente del soporte en el cual sean tratados, los derechos de los ciudadanos sobre ellos y las obligaciones de aquellos que los crean o tratan.

Esta ley afecta a todos los datos que hacen referencia a personas físicas registradas sobre cualquier soporte, informático o no.

(Wikipedia, 2016)

Incorrecciones en los datos

Las incorrecciones presentes pueden ser:

- Detectables: Se detectan mediante sistemas de detección como chequeos, filtros, listas.

- No detectables.

- Sospechosas: Valores fuera de rango (outliers).

De la información ausente en el CRF, puede ser que no exista el dato o que exista, pero que sea desconocido. Estos últimos datos pueden ser reclamados mediante el establecimiento de unos formularios, en forma de pregunta, dirigidos a los investigadores participantes en el estudio y que se denominan queries.

Es necesario disponer de un sistema informático adecuado para recoger la información de los estudios que permita identificar y reducir a la mínima expresión los errores durante

DATOS ALTAMENTE FIABLES Y VÁLIDOS 83

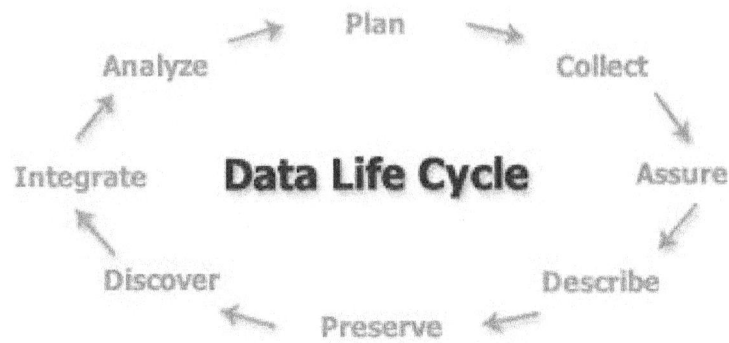

Figura 3.1: Ciclo de vida de los datos (Fuente: http://guides.lib.umich.edu/engin-dmpl)

el proceso de data management (DM), asegurando que los datos analizados sean correctos.

Datos altamente fiables y válidos

Los datos utilizados en el análisis estadístico, recogidos en el estudio han de ser "altamente fiables y válidos"sin sesgos y sin errores

Los datos para construir los modelos deben ser precisos, apropiados y suficientes. Si es necesaria su transformación, ésta debe ser correcta (transformación logarítmica, normalización, etc.).

Por otra parte, deben desarrollarse procedimientos adecuados para recoger, mantener y comprobar que los datos sean correctos, tales como:

- Pruebas de consistencia internas (rangos, valores extremos, etc.). Las técnicas implementadas para la recogida de datos de los ensayos clínicos se centran en facilitar la realización de este proceso, pero no garantizan la calidad de los datos que se han grabado informáticamente.

- Herramientas para poder detectar y corregir los posibles errores, que se describen en trabajos como Bonillo-Martin (2003), Davis y col. (1999), Richardson y Chen (2001).

Proceso de gestión de datos científicos

Al analizar estadísticamente los datos de los ensayos clínicos para intentar estimar un modelo estadístico, se puede comprobar que en algunas ocasiones la calidad de los datos es parcial y puede aumentar el error total del modelo, además de hacer disminuir la fiabilidad y precisión de los valores predichos. Estas observaciones se corroboran en el informe de la General Accounting Office (GAO) (Vallvé, 1990), donde se indica que desde 1963 hasta 1974 la FDA concedió 11.000 autorizaciones para ensayos clínicos, en las que se detectaron las siguientes irregularidades:

PROCESO DE GESTIÓN DE DATOS CIENTÍFICOS

- Registro inadecuado de muestras (50
- Falta de consentimiento del paciente (35
- Error de seguimiento del protocolo (28
- Inexactitud en los registros clínicos (23
- Historias clínicas no disponibles (22
- Incumplimiento de responsabilidades (12

Estos datos coinciden con los publicados posteriormente, como la detección de calidad deficiente en un 25 % de los ensayos, en una muestra de los mismos analizada en De la Llama-Vázquez y Gutiérrez (1996).

Como se ha comentado, para poder obtener unas conclusiones válidas en el estudio científico realizado es necesario que los datos sean «altamente fiables y válidos», sin sesgos y sin errores. Para ello es necesario disminuir al máximo posible tanto los errores debidos al propio y complejo proceso de los ensayos como los errores debidos a la entrada de la información en la base de datos para su posterior análisis estadístico. Como se ha indicado en el capítulo introductorio, a este proceso se le conoce como Data Management o gestión de los datos clínicos. Pretende garantizar una cierta calidad de la información para obtener unas conclusiones válidas

El objetivo del proceso de gestión de datos Data Management es asegurar que la calidad de los datos que se recogen en los ensayos clínicos eviten los errores que pueden cometerse debido a su complejo proceso, especialmente en el dato clínico, al encontrarse regulado por normativas.

Procedimientos del manejo clínico de los datos

Los procedimientos del manejo clínico de los datos se encuentran regulados en las normas ICH y FDA. Las normas ICH http://www.emea.eu.int/pdfs/human/ich/013595en.pdf son muy flexibles y abiertas, y recomiendan que se tomen todas las medidas posibles para garantizar la calidad y veracidad de los datos clínicos, tales como la doble entrada de datos y filtros, pero sin especificar cómo debe hacerse. La norma 21 CRF Part 11 de la FDA www.fda.gov/cder/regulatory/ersr es muy exigente con el proceso de gestión de datos clínicos. Esta normativa entró en vigor el 20 de agosto de 1997. Se exige su obligado cumplimiento si se desea registrar nuevos medicamentos en Estados Unidos. Por esta razón, la siguen los laboratorios farmacéuticos americanos y, cada vez más, la gran mayoría de promotores de ensayos clínicos internacionales.

La norma de FDA indica que un estudio clínico, desde el punto de vista de la estructura de los datos, es una colección de información y como tal posee informaciones relativas a tratamientos, evaluaciones de seguridad, valores de laborato-

PROCESO DE GESTIÓN DE DATOS CIENTÍFICOS

rio, identificación de los pacientes, cumplimiento terapéutico, etc. Se deben identificar perfectamente a los individuos de un estudio con un único identificador, los diferentes momentos (visitas) en que cada individuo es tratado y la medicación del estudio. Se indicará en los conjuntos de datos (data-sets) la identificación del paciente y la de todas las variables del mismo. En la norma también se indican toda una serie de procedimientos, como la doble entrada de los datos, auditorías de los datos (audit-trials), que indiquen cuándo, cómo y quién introdujo y modificó la información de las bases de datos, y procedimientos seguridad de las bases de datos que garanticen la veracidad de éstos.

Existen actualmente muy pocos sistemas informáticos que cumplan con las estrictas normas de calidad comentadas. Uno de ellos es Oracle ClinTrial® (Oracle Corporation, 1996). Son sistemas de enorme complejidad y alto coste que no están en general al alcance de los investigadores biomédicos españoles, sino sólo de los laboratorios farmacéuticos que disponen de grandes presupuestos de I+D (Nadkarni y col., 1998).

Si se están desarrollando sistemas electrónicos específicos basados en entorno web que permiten la verificación de los datos mediante filtros y registran quién lo hace, así como son seguros y amigables.

Sistema informático Hipócrates

Se ha tomado como punto de partida un programa informático desarrollado por el autor (Hipócrates) que se ha adaptado a la recogida de datos de ensayos clínicos, a su gestión y al cumplimiento de la normativa estipulada por la ICH y FDA en la norma 21 CRF, Part 11 sobre el aseguramiento de la calidad en los datos clínicos. Este cumplimiento se ha podido verificar internamente durante las pruebas de su uso, como se cita más adelante. Este sistema es evidentmenete anticuado con respecto a los sistemas actuales.

Este programa, algo ya desfasado, se encuentra descrito en: Monleón - Getino, A. 2008. Introducción a la simulación de los ensayos clínicos. PPU. Barcelona.

Algunos ejercicios de data management en R

A continuación, en esta sección, se presentan algunos ejemplos del uso del paquete Open Source R (Este programa puede descargarse gratuitamente en: https://cran.r-project.org/) para el data-management de datos.

Se comentan aspectos tales como la introducción de datos, los tipos de datos, etc.

Introduccion al data-management con R

ALGUNOS EJERCICIOS DE DATA MANAGEMENT EN R

```
# Manejando Datos con R--------------------------------

# Objetos

# Hemos visto que R trabaja con objetos los cuales
# tienen nombre
#  y contenido, pero tambien
# atributos que especifican el tipo de datos
# representados por el
# objeto. Para entender la utilidad
# de estos atributos, consideremos una variable
# que toma los valores
#  1, 2, o 3: tal variable podra ya
# ser un numero entero (por ejemplo, el numero de
# huevos en un nido), o el codigo de una variable
# categorica (por ejemplo, el sexo de los individuos
# en una poblacion de crustaceos: macho, hembra,
# o hermafrodita).

# Todo objeto tiene dos atributos intrinsecos: tipo y
#  longitud. El tipo se refiere a la clase basica
# de los elementos en el objeto; existen cuatro tipos
#  principales: numerico, caracter, complejo, y
# logico (FALSE [Falso] or TRUE [Verdadero]).
#  Existen otros tipos, pero no representan datos como
# tal (por ejemplo funciones o expresiones). La
#  longitud es simplemente el numero de elementos en
# el objeto. Para ver el tipo y la longitud de un objeto
#  se pueden usar las funciones mode y length,
# respectivamente:

#############################################
#Ejemplo 1: tipos de objetos
#############################################
    x <- 1
    #clase de objeto:
    mode(x) #con class() igual:


## [1] "numeric"
```

```
class(x)
```

```
## [1] "numeric"
```

```
#longitud del objeto:
length(x)
```

```
## [1] 1
```

```
options(width=100)
##########################################
#Ejemplo 2: tipos de objetos en R
##########################################

#Variables:
A <- "Gomphotherium"; compar <- TRUE; z <- 1i
class(A); class(compar); class(z)
```

```
## [1] "character"
```

```
## [1] "logical"
```

```
## [1] "complex"
```

```
#vector:
n = c(2, 3, 5) #vector
class(n)
```

```
## [1] "numeric"
```

```
options(width=100)
##########################################
#Ejemplo 3: tipos de objetos en R, infinito e indeterminado
##########################################
x <- 5/0
x       #representación de infinito
```

```
## [1] Inf
```

ALGUNOS EJERCICIOS DE DATA MANAGEMENT EN R91

```
exp(x)
```

```
## [1] Inf
```

```
exp(-x)
```

```
## [1] 0
```

```
x - x    #indeterminado o NaN
```

```
## [1] NaN
```

```
options(width=100)
# Tipos de objetos y los datos que representan en R
# objeto              Tipos
#  Varios tipos posibles en el mismo objeto?
#
# vector              numerico, caracter, complejo o logico
# factor              numerico o caracter
# arreglo             numerico, caracter, complejo o logico
# matriz              numerico, caracter, complejo o logico
# data.frame          numerico, caracter, complejo o logico
# ts                  numerico, caracter, complejo o logico
# lista               numerico, caracter, complejo, logico
#                     funcion,   expresion, . . .

# R utiliza el directorio de trabajo para leer y escribir
#  archivos. Para saber cual es este directorio
# puede utilizar el comando getwd() (get working directory)
#  Para cambiar el directorio de trabajo,
# se utiliza la fucni˜on setwd(); por ejemplo, setwd(C:/data)
# o setwd(/home/paradis/R).
# Es necesario proporcionar la direccion (path) completa del
# archivo si este no se encuentra en el
# directorio de trabajo.
```

```
# R puede leer datos guardados como archivos de texto (ASCII)
# con las siguientes funciones:
# read.table (con sus variantes, ver abajo), scan y read.fwf.
# R tambien puede leer archivos
# en otros formatos (Excel, SAS, SPSS, ... ), y acceder a
# bases de datos tipo SQL, pero las funciones
# necesarias no estan incluidas en el paquete base. Aunque
# esta funcionalidad es muy util para el
# usuario avanzado, nos restringiremos a describir las funciones
# para leer archivos en formato ASCII
# unicamente.
# La funcion read.table crea un marco de datos (data frame) y
#  constituye la manera mas
# usual de leer datos en forma tabular. Por ejemplo si tenemos
# un archivo de nombre data.dat, el
# comando:

options(width=80)
############################################
#Ejemplo 4: Crear un data.frame simple
############################################
 #Creo 3 vectores de datos de diferente tipo
 n = c(2, 3, 5) #numérico
 s = c("aa", "bb", "cc") #caracter
 b = c(TRUE, FALSE, TRUE) #lógico
 df = data.frame(n, s, b)    # df is a data frame

 #Para ver el data frame, indicar
 df


##   n  s     b
## 1 2 aa  TRUE
## 2 3 bb FALSE
## 3 5 cc  TRUE


 #o hacer doble click en la ventana "Global environment"
 #en el objeto df


############################################
```

ALGUNOS EJERCICIOS DE DATA MANAGEMENT EN R93

```
#Ejemplo 5: utilizar un objeto del data frame
##############################################
#Si quiero listar o utilizar el vector n del data.frame dfbeta(
df$n
```

`## [1] 2 3 5`

```
#o tambien:
df[,1] #primera columna del data.frame
```

`## [1] 2 3 5`

```
#introducir una nueva variable en el data.frame
df$nueva <- c(1,5,7)
df$nueva #ver la nueva variable
```

`## [1] 1 5 7`

```
##############################################
#Ejemplo 6: leer un fichero externo
##############################################

#asegurarse que el fichero se encuentra localizado
#en el directorio de trabajo o en una carpeta "conocida"
getwd() #ver el directorio donde actualmente trabajo
```

`## [1] "C:/Users/Toni/Dropbox/Material docente UB/diseño experimentos y data manageme`

```
#si no esta bien cambiarlo con la opción dentro del menu:
# Session > Set working directory en RStudio

#importar el fichero
misdatos <- read.table("B_cell.txt") #fichero del Tema 2
#confirmar que el formato es correcto:
misdatos
```

```
##                 V1            V2
## 1  gene_expression disease_stage
## 2  4.74831559896315            1
## 3  5.32920978999533            1
## 4  4.13677179525603            1
## 5  4.65186560129122            1
## 6  5.53240669398782            1
## 7  4.38222282670275            1
## 8  4.33995172249331            1
## 9  5.01872793011213            1
## 10  5.6332890968246            1
## 11 4.48206521994628            1
## 12 4.05795757145216            1
## 13    4.260202093499            1
## 14 4.00393493664537            1
## 15 4.04936543589366            1
## 16    4.132384231161            1
## 17 4.18977240124133            1
## 18 4.60053731974946            1
## 19 4.62099525272405            1
## 20 4.89213143200638            1
## 21 4.02554018831571            2
## 22 4.31558318509707            2
## 23 4.50329567287345            2
## 24 4.12430355689079            2
## 25 4.14430083843894            2
## 26 3.85064401471708            2
## 27   4.6127011009747            2
## 28 4.16071581714733            2
## 29 4.46589287748057            2
## 30 4.02694709597812            2
## 31 3.87339858574062            2
## 32 3.80174997948247            2
## 33 4.00334540159893            2
## 34 4.39618576820975            2
## 35    4.2789705008497            2
## 36 3.99138403994283            2
## 37 4.58472898350067            2
## 38 4.06196935184316            2
## 39 3.71870794865346            2
## 40 3.95867144480462            3
```

ALGUNOS EJERCICIOS DE DATA MANAGEMENT EN R95

```
## 41 5.15663078999754         3
## 42 3.52542455660449         3
## 43 3.74019169153279         3
## 44 3.90044754944801         3
## 45 4.01777659753807         3
## 46 3.59975048692314         3
## 47 3.51141981529087         3
## 48 3.81994845387052         3
## 49 3.66085155383497         3
## 50 3.60321691475629         3
## 51 3.66625207242656         3
## 52   3.9719426403352        3
## 53 3.42585472094091         3
## 54 4.12499102159234         3
## 55 3.97370189519076         3
## 56 3.77318121180321         3
## 57   4.1466524223079        3
## 58 3.54606221425859         3

#sería recomendable utilizar la opción "import dataset" from
# "Text file"
# de las opciones disponibles en el menu "Tools" en RStudio
otro <- read.csv("B_cell.txt", sep="")


# creara un marco de datos denominado misdatos, y cada variable
# recibira por defecto el nombre
# V1, V2, . . . y puede ser accedida individualmente escribiendo
# misdatos$V1, misdatos$V2,
# . . . , o escribiendo misdatos["V1"], misdatos["V2"], . . . , o,
# tambien escribiendo misdatos[,
# 1], misdatos[,2 ], .

misdatos$V1


##  [1] gene_expression  4.74831559896315 5.32920978999533 4.13677179525603
##  [5] 4.65186560129122 5.53240669398782 4.38222282670275 4.33995172249331
##  [9] 5.01872793011213 5.6332890968246  4.48206521994628 4.05795757145216
## [13] 4.260202093499   4.00393493664537 4.04936543589366 4.132384231161
## [17] 4.18977240124133 4.60053731974946 4.62099525272405 4.89213143200638
```

```
## [21] 4.02554018831571 4.31558318509707 4.50329567287345 4.12430355689079
## [25] 4.14430083843894 3.85064401471708 4.6127011009747  4.16071581714733
## [29] 4.46589287748057 4.02694709597812 3.87339858574062 3.80174997948247
## [33] 4.00334540159893 4.39618576820975 4.2789705008497  3.99138403994283
## [37] 4.58472898350067 4.06196935184316 3.71870794865346 3.95867144480462
## [41] 5.15663078999754 3.52542455660449 3.74019169153279 3.90044754944801
## [45] 4.01777659753807 3.59975048692314 3.51141981529087 3.81994845387052
## [49] 3.66085155383497 3.60321691475629 3.66625207242656 3.9719426403352
## [53] 3.42585472094091 4.12499102159234 3.97370189519076 3.77318121180321
## [57] 4.1466524223079  3.54606221425859
## 58 Levels: 3.42585472094091 3.51141981529087 ... gene_expression

misdatos$V2


## [1] disease_stage 1   1   1   1
## [6] 1             1   1   1   1
## [11] 1            1   1   1   1
## [16] 1            1   1   1   1
## [21] 2            2   2   2   2
## [26] 2            2   2   2   2
## [31] 2            2   2   2   2
## [36] 2            2   2   2   3
## [41] 3            3   3   3   3
## [46] 3            3   3   3   3
## [51] 3            3   3   3   3
## [56] 3            3   3
## Levels: 1 2 3 disease_stage

#si quiero gurardar el fichero posteriormente
write.table(misdatos, file = "B_cell1.txt", quote = FALSE)
#GUARDAR DATOS EN UN FICHERO


############################################
#Ejemplo 7: trabajando con factores
############################################
# Un factor incluye no solo los valores correspondientes a una
# variable categorica, pero
# tambien los diferentes niveles posibles de esta variable
```

ALGUNOS EJERCICIOS DE DATA MANAGEMENT EN R

```r
# (inclusive si estan presentes en los datos).
factor(1:3)
```

```
## [1] 1 2 3
## Levels: 1 2 3
```

```r
factor(1:3, levels=1:5)
```

```
## [1] 1 2 3
## Levels: 1 2 3 4 5
```

```r
factor(1:3, labels=c("A", "B", "C"))
```

```
## [1] A B C
## Levels: A B C
```

```r
factor(1:5, exclude=4)
```

```
## [1] 1    2    3    <NA> 5
## Levels: 1 2 3 5
```

```r
#############################################
#Ejemplo 8: trabajando con matrices y otros tipos
#############################################
# Matriz. Una matriz es realmente un vector con un atributo
# adicional (dim) el cual a su vez es un
# vector numerico de longitud 2, que define el numero de filas
# y columnas de la matriz

#matriz de 6 filas y 6 columnas
matrix(data=77, nr=6, nc=6)
```

```
##      [,1] [,2] [,3] [,4] [,5] [,6]
## [1,]  77   77   77   77   77   77
## [2,]  77   77   77   77   77   77
## [3,]  77   77   77   77   77   77
## [4,]  77   77   77   77   77   77
## [5,]  77   77   77   77   77   77
## [6,]  77   77   77   77   77   77
```

```
#matriz de 2 filas y 3 columnas
matrix(1:6, 2, 3)


##      [,1] [,2] [,3]
## [1,]   1    3    5
## [2,]   2    4    6

#Series de tiempo
ts(1:20, start = 1959)


## Time Series:
## Start = 1959
## End = 1978
## Frequency = 1
##  [1]  1  2  3  4  5  6  7  8  9 10 11 12 13 14 15 16 17 18 19 20

#expresiones matemáticas
x <- 3; y <- 2.5; z <- 1
exp1 <- expression(x / (y + exp(z)))
exp1


## expression(x/(y + exp(z)))

eval(exp1)


## [1] 0.5749019

########################################################
# Ejemplo 9: introduccion manual de datos y ficheros
########################################################

#en realidad es muy simple aunque largo

#Ejemplo introductorio del fichero manual del campus virtual:
#tema 4 - Exemples Jeràrquics 2F Fitxer.pdf
# y en: Exemples_Jerarquics_2F.R
```

ALGUNOS EJERCICIOS DE DATA MANAGEMENT EN R

```
#https://campusvirtual2.ub.edu/pluginfile.php/3069648/mod_resource
# /content/1/Exemples_Jerarquics_2F.pdf
#ejemplo ratas (transparencia 8):

#crear variable de respuesta, gli, por filas
gli<-c(0.55,0.61,0.49,0.59,0.65,0.39,0.48,0.59,0.41,0.11,0.20,0.09,
       0.12,0.09,0.09,0.22,0.30,0.20)

#Crear el factor tratamiento
tract<-gl(2,9) #repite 9 veces los 2 primeros numeros 1 y 2. Crea un factor
#es equivalente a
tract<-c(1, 1, 1, 1, 1, 1, 1, 1, 1, 2, 2, 2, 2, 2, 2, 2, 2, 2)
tract<- as.factor(tract)
class(tract)#verificar que es un factor
```

[1] "factor"

```
#Crear el factor gabia
gabia<-factor(rep(rep(1:3,each=3),2)) #repite los niveles 1 2 3
# las veces que son necesarias
#es equivalente a
gabia <- c(1, 1, 1, 2, 2, 2, 3, 3, 3, 1, 1, 1, 2, 2, 2, 3, 3, 3)
gabia<- as.factor(gabia)
class(gabia)#verificar que es un factor
```

[1] "factor"

```
#junto todas las variables anteriores en un data.frame
mydata<-data.frame(gli,tract,gabia)
#verificar la estructura de los datos que se trata de un data.frame
str(mydata)
```

'data.frame':   18 obs. of 3 variables:
$ gli : num 0.55 0.61 0.49 0.59 0.65 0.39 0.48 0.59 0.41 0.11 ...
$ tract: Factor w/ 2 levels "1","2": 1 1 1 1 1 1 1 1 1 2 ...
$ gabia: Factor w/ 3 levels "1","2","3": 1 1 1 2 2 2 3 3 3 1 ...

```
#Ya puedo analizarlo:
glic.aov<-aov(gli~tract+gabia %in% tract, mydata)
anova(glic.aov)
```

```
## Analysis of Variance Table
##
## Response: gli
##              Df  Sum Sq  Mean Sq  F value    Pr(>F)
## tract         1 0.61976  0.61976 100.7733 3.435e-07 ***
## tract:gabia   4 0.03784  0.00946   1.5384    0.2531
## Residuals    12 0.07380  0.00615
## ---
## Signif. codes:  0 '***' 0.001 '**' 0.01 '*' 0.05 '.' 0.1 ' ' 1
```

Capítulo 4

Bibliografía general

Abbas I. 2003. Integración de los modelos de simulación en el diseño de los ensayos clínicos. Tesis doctoral presentada en la UPC el 23 de diciembre de 2003. Directores: Drs. J. Casanovas y J. Rovira.

Abbas I, Cobo E, Casanovas J, Romeu J, Monleón T, Ocaña J. 2003. Optimising Clinical Trials design using simulation. Proceedings of 3th Annual meeting of ENBIS and ISIS3. 21-23 de agosto de 2003. Barcelona.

Alfaro V, Prats M, Nadal J, Alami M. 1998. The effect of clinical trials legislation in Spain. Applied clinical trials 3: 52-59.

Amstein R, Steimer J, Holford N, Guentert T, Racine A, y col. 1996. RIDO: Multimedia CD-Rom software for training in drug development via PK/PD principles and simulation of clinical trials. Pharm Res. 13:S452 (Abstr).

Anderson HA, Sargent RG. 1974. An investigation into scheduling for an interactive computer system. IBM Journal of Research and Development, 18: 125-137.

Balci O. 1986. Verification, Validation, and Accreditation. Proceedings of the 1998 Winter Simulation Conference. D.J. Medeiros, E.F. Watson, J.S. Carson and M.S. Manivannan, eds.

Balci O, Sargent RG. 1981. A methodology for cost-risk analysis in the statistical validation of simulation models. Comm of the ACM 24: 190-197.

Balci O, Sargent RG. 1984. Validation of simulation models via simultaneous confidence intervals. American Journal of Mathematical and Management Science 4: 375-406.

Banks J, Carson JS, Nelson BL and Nicol D. 2000. Discrete event system simulation. 3d. Ed. Englewood Cliffs, NJ: Prentice-Hall.

Barceló J. 1996. Simulación de sistemas discretos. Madrid: Isdefe.

Boeckmann AJ, Sheiner LB, Beal SL. 1990. NONMEM Users Guides. San Francisco: Univ. Calif. NONMEM Proj. Group. 5^a ed.

Bonate PL. 2005. Pharmacokinetic- Pharmacodinamic modeling and simulation. ISBN 038727197X.

Bonillo-Martin, A. 2003. Sistematización del proceso de depuración de datos. Tesis doctoral UAB, 2003.

Cent. Drug. Dev. Sci. 1996. Frontiers in drud development-Computer simulation and modelling. Basel, Suiza: Eur. Cent. Pharm. Med.

Cent. Drug. Dev. Sci. 1997. Modeling and simulation of clinical trials in drug development and regulation. Reston VA: Cent. Drug. Dev. Sci.

Cent. Drug. Dev. Sci. 1999. Modeling and simulation best practices Workshop. 1999. Arlington, VA: Cent Drug Dev Sci. http://www.dml.georgetown.edu/cdsd.

Chatterjee S, Hadi AS. 1986. Influential Observations, High Leverage Points, and Outliers in Linear Regression. Statistical Science 1: 379-416.

Chow SC, Liu JP. 1992. Design and analysis of bioavailability and bioequivalence studies. Nueva York: Marcel Dekker.

D´Argemio DZ. 1981. Optimal sampling times for pharmacokinetic experiments. J. Pharmacokinetic. Biopharm 9: 739-56.

Davis JR, Nolan VP, Woodcock J, Estabrook RW (eds.). 1999. Roundtable on Research and Development of Drugs, Biologics and Medical Devices. Institute of Medicine.

De la Llama-Vazquez F, Gutiérrez P. 1996. Auditoría sobre ensayos clínicos. Farmacia Hospitalaria 20: 114-117.

Department of Defense. 1996. Verification, Validation and Accreditation (VVA) Recommended Practices Guide, Defense Modeling and Simulation Office, Alexandria, VA. (Coautores: O. Balci, P A Glasow, P Muessig, E H Page, J Sikora, S Solick, S. Youngblood) www://msiac.dmso.mil/vva).

Domínguez-Gil A. 2000. La circulación del medicamento en el organismo. Farmacocinética. El ensayo clínico en España. Farmaindustria. España.

Efron B, Tibshirani RJ. 1993. An Introduction to the bootstrap. Nueva York: Chapman Hall. EEUU.

Flexner C, Van der Horst C, Jacobson MA, Powderly W, Duncanson F y col. 1994. Relationship between plasma concentrations of 3'-deoxy-3'-fluorothymidine (alovudine) and antiretroviral activity in two concentration-controlled trial. J. Infect. Dis. 170:1394-1403.

Fonseca P, Casanovas J, Montero J. 2003. LeanSim: Un sistema de simulación para el entrenamiento de personal especializado dentro de sistemas complejos; Proceedings of 2ª Conferencia Iberoamericana en sistemas, cibernética e informática CISCI. Vol I. Orlando FL EEUU.

Fonseca P, Casanovas J, Montero J. 2004a. LeanSim® Virtual Reality Distributed Simulation Suite. En: MODELLING, SIMULATION, AND OPTIMIZATION. M.H. Hamza 287-292 (a).

Fonseca P, Casanovas J, Montero J. 2004b. Adaptación de

modelos de simulación estándar a modelos virtuales y/o sistemas de entrenamiento distribuidos, con representación del movimiento continuo de entidades. Proceedings of 3ª conferencia iberoamericana en Sistemas, Cibernética e informática. Jorge Baralt, Nagib Callaos, Belkis Sánchez 241-246.

Gebski V, McNeil D, Coates A, Forbes J. 1987. Monitoring distributional assumptions and early stoping for a prospective clinical trial using Monte Carlo simulation. Stat Med 6: 667-78.

Girard P, Blaschke T, Kastrissios H, Sheiner L. 1988. A Markov mixed effect regresión model for drug compliance. Stat Med 17: 2313-2333.

Golub GH, Van Loan CF. 1986. Matrix computations, 3rd (Baltimore Johns Hopkins University Press). EEUU.

Guasch A, Piera MA, Casanovas J, Figueres J. 2002. Modelado y Simulación. UPC. Barcelona.

Hale MD. 1997. Using population pharmacokinetics for planning a randomised concentration controlled trial with a binary response. In European Cooperation in the field of Scientific and Technical Research, ed. L Aarons, L.B. Balant, M. Danhof, pág. 227-235. Ginebra (Suiza): Eur. Comm.

Hale MD, Gillespie WR, Gupta SK, Tuk B, Holford NH. 1996. Clinical trial simulation: streamlining your drug development process. Applied Clinical Trials 5: 35-40.

Hale MD, Nicholls AJ, Bullingham RES, Hene RH,

Hoitsman A, Squifflet JP y col. 1998. The pharmacokinetic-pharmacodynamic relationship for mycophenolate mofetil in renal transplantation. Clin. Pharmacol. Ther. 64: 672-83.

Hartley HO, Rao JNK. 1967. Maximum likelihood estimation for the mixed analysis of variance model. Biometrika 54: 93-108.

Holford NHG. 1997. Modelling therapeutic effects and disease progress. In modelling and simulation of clinical trials in drug development and regulation. Pág. 61-62. Washington DC: Cent. Drug. Dev. Sci. Geogetown Univ. Med. Cent. EEUU.

Holford NHG, Hale M, Ko HC, Steimer J-L, Sheiner LB, Peck CC. 1999. Simulation in drug development: good practices. Center for Drug Development Science (CDDS), Georgetown University, EEUU. http://cdds.ucsf.edu/research/sddgp.php

Holford NHG, Kimko HC, Monteleone JPR, Peck CC. 2000. Simulation of clinical trials. Annual review of pharmacology and toxicology 40: 209-234.

Hollis S, Campbell F. What is meant by intention to treat analysis? 1999. Survey of published randomised controlled trials. BMJ 319: 670 – 674.

Jackson R. 1996. Computer Techniques in Preclinical and Clinical Drug Developement. CRC press.

Johnson RA. 1994. Miller and Freund´s Probability and Statistics for engineers, 5^a ed. Englewood Cliffs, NJ: Prentice-Hall.

Jørgensen B. 2004. Mixed model theory II: Tests and confidence intervals. Master in Applied Statistics. Danish institute of Agriculture Sciences. http://www.dina.dk/ per/Netmaster/courses/st113.

Kleijnen JPC. 1999. Validation of models: statistical techniques and data availability. Proceedings of the 1999 Winter Simulation Conference, P. A. Farrington, H. B. Nembhard, D. T. Sturrock, and G. W. Evans, eds.

Kleijnen JPC. 2003. Course on simulation: Validation Verification. Tiburg University.

Kleijnen JPC, Sánchez SM, Lucas TW, Cioppa TM. 2004. A user's guide to the brave new world of designing simulation experiments. INFORMS Journal on Computing. [aceptado para publicación].

Kleijnen JPC, Deflandre D. 2005. Validation of regression metamodels in simulation: Bootstrap approach. European Journal of Operational Research. [En prensa].

Laporte JR. 1993. Principios básicos de investigación clínica. Ediciones Ergón.

Law MA, Kelton WD. 1999. Simulaton modelling analysis. Nueva York: McGraw-Hill.

LCFIB. 2005. Documentación LEANSIM.

Lesaffre E, Scheys I, Frohlich J, Bluhmki E. 1993. Calculations of power and sample size with bounded outcome. Stat Med

12: 1063-1078.

Lewis JA. Modelling and Simulation of Clinical trials. 1998. International Society for Clinical Bioestatistics Meeting. Agosto 24-28. Dundee (Reino Unido).

Liang KY, Zeger SL. 1986. Longitudinal data analysis using general linear models. Biometrika 73: 13-22.

Mahmood I. 2005. Interspecies Pharmacokinetic Scaling. Principles and Aplication of allometric scaling. Pine House Publishers. Rockville, Maryland.

Macheras, Panos, Iliadis, Athanassios. 2006. Modeling in Biopharmacetics, Pharmacokinetics and Pharmacodynamics. Homogeneous and heterogeneous approaches. ISBN 0-387-28178-9.

Mallet A, Mentré F, Steimer JL, Lokiec F. 1988. Nonparametric maximum likelihood estimation for population pharmacokinetics, with application to cyclosporine. J. Pharmacokinetic Biopharm 16:311-327.

Maloney A. 2004. Non-linear mixed effects modelling using the SAS system - An overview. 17 June. Proceedings of PAGE2004 meeting. Uppsala (Suecia).

Mateu S. Farmacología. 2004. Master de Medicina en la Industria Farmacéutica. Hospital de Sant Pau. UAB.

Mitchell EEL. 1978. Advanced continuous languaje (ACSL) In numerical methods for differential equations and simulation, ed. AW Bennet, R. Vichnevetsky. Ámsterdam: North Holland Publ.

Monleón-Getino T. 2016. Diseño de experimentos, su análisis y diagnóstico. https://www.researchgate.net/publication/304283596_Diseno_de_experimentos_su_analisis_y_diagnostico

Monleón Getino T, Rodriguez C. Probabilidad y Estadística para las Ciencias I. 2015. PPU. Barcelona.

Monleón Getino T, Antonio Llombart Cussac, Montse Roset Gamisans Monleón Getino, Toni. Análisis de supervivencia, identificación de factores pronóstico y análisis exploratorio : curso de formación continuada a distancia.Barcelona : Edittec, 2004

Monleón Getino, Toni. El tratamiento numérico de la realidad. Reflexiones sobre la importancia actual de la estadística en la Sociedad de la Información. (Publication date: 20120518)

Monleón-Getino T. 2010. Importancia de Darwin en el desarrollo de la estadística moderna. Estadística española, ISSN 0014-1151, Vol. 52, Nº 175, 2010, pags. 371-392.

Monleón - Getino, A. 2008. Introducción a la simulación de los ensayos clínicos. PPU. Barcelona.

Monleón T. 2005. Optimización de los ensayos clínicos de fármacos mediante simulación de eventos discretos, su modelización, validación, verificación y la mejora de la calidad de sus datos. [Tesis doctoral presentada el 21 de octubre de 2005. Universidad de Barcelona. Disponible en: http://www.tesisenxarxa.net/TDX-0112106-093218]

Monleón T. 2000. La farmacoeconomía, una ciencia esencial que se ocupa de los recursos y evalúa el control del gasto sanitario. La Vanguardia-Especial sanidad privada. 27 de marzo de 2000.

Monleón T, Ocaña J. 2006. Simulación como herramienta de optimización de la investigación clínica. Medicina clínica. [Aceptado el 4-4-2006, pendiente de publicación].

Monleón T, Ocaña J, Abbas I, Casanovas J, Cobo E., Arnaiz JA, Carner X. 2003a. Simulación de ensayos clínicos de medicamentos. Ajuste del modelo. 27 Proceedings of Congreso Nacional de Estadística e Investigación Operativa. Lleida, 8-11 de abril de 2003.

Monleón T, Ocaña J, Vegas E, Fonseca P, Abbas I, Casanovas J, Cobo E, Arnaiz JA, Carner X, Gatell. 2003b. Optimization of AIDS pilot clinical trial using LeanSim. Value in Health 6: 794.

Monleón T, Ocaña J, Vegas E. 2003c. Simulación realista de un ensayo clínico sobre SIDA. Proceedings of IX Conferencia Española de Biometría. La Coruña, 28-30 de mayo de 2003.

Monleón T, Hernández JC, Carreño A. 2003d. Planificación de un estudio clínico. Metodología de investigación y estadística en oncología y hematología. Novartis Oncology. Barcelona: Ed. Editec.

Monleón T, Pérez P, Moral I. 2003e. Métodos estadísticos. Metodología de investigación y estadística en oncología y hematología. Novartis Oncology. Barcelona: Ed. Editec.

Monleón T, Ocaña J, Vegas E, Fonseca P, Riera A, Montero J, Abbas I, Casanovas J, Cobo E, Arnaiz JA, Carne X, Gatell JM. 2004. Flexible discrete events simulation of clinical trial using LeanSim. Proceedings of COMSTAT. Abril de 2004.

Monleón T, Ocaña J, Arnaiz JA, Carner X, Riba N, Soy D. 2005. Modelización, simulación y validación de un ensayo clínico de Fase I. Proceedings of IX Conferencia Española de Biometría. Oviedo. Mayo de 2005.

Nadkarni PM, Brandt C, Frawley S, Sayward FG, Einbinder R, Zelterman D, Schacter L, Miller PL. 1998. Managing Attribute—Value Clinical Trials Data Using the ACT/DB Client—Server Database System. J Am Med Inform Assoc 5: 139–151.

Nance RE, Sargent RG. 2002. Perspectives on the evolution of simulation. Operations Research 50: 161-172.

National Center for Health Statistics. 1994. The tirad National Health and Nutrition Examination Survey, 1988-94 (NHANES III). http://www.cehn.org/cehn/resource guide/nhanes.html.

Neter J, Kutner MH, Nachtsheim, CJ, Wasserman W. 1996. Applied Linear Statistical Models, 4^a ed., Richard D. Irwin, Inc., Burr Ridge, Illinois.

Oracle Corporation. 1996. Oracle Clinical Version 3.0: User's Guide. Redwood Shores, CA.

Ortiz Frida, García María del Pilar. Metodología de la Investigación. Editoral Limosa. México(2005).

Peck C. 1997. Drug development: improvement the process. Food Drug. Law J 52: 162-167.

Peck C. Modeling and Simulation (MS) of clinical trials. 1998. International Society for Clinical Bioestatistics Meeting. Agosto 24-28 1998. Dundee (Reino Unido).

Pharsight Corp. 1997. Pharsight Trial designer User's Guide. Mountain View, CA: Pharsight Corp.

Pita-Fernández S. 1996. Elementos básicos de diseño de los estudios. Cad. Atención primaria 3: 83-95.

Pinheiro JC, Bates DM. 1995. Approximations to the log-likelihood function in the nonlinear mixed-effect model. Journal of Computational and Graphical Statistics 4: 12-35.

Press WH, Teukolsky SA, Vetterling WT and Flannery BP. 2002. Numerical Recipes in C++. The Art of Scientific Computing. 2^a ed. Cambridge University Press.

Regalado A. 1998. Re-engineering drug development. I: Simulating clinical trials. Star Up, Jan. 13-18.

Reynolds MR, Deaton HL. 1982. Comparison of some test for validation of stochastic simulation models. Commun Statistics simula. Computa.

Richardson DJ, Chen S. 2001. Data quality assurance and quality control measures in large multicenter stroke trials: the African-American Antiplatelet Stroke Prevention Study experience. Current Controlled Trials in Cardiovascular Medicine 2: 115-117.

Robinson S. 1997. Simulation model verification and validation: increasing the user's confidence. Proceedings of the Winter Simulation Conference. EEUU.

Rojas Soriano, Raúl. El Proceso de Investigación Cietífica. Editorial Trillas. México (2004).

Rodríguez-Sánchez, F., Pérez-Luque, A.J. Bartomeus, I., Varela, S. 2016. Ciencia reproducible: qué, por qué, cómo. Ecosistemas 25(2): 83- 92

Roset M, Bonfill X, Monleón T. 2003. Introducción a la metodología de investigación. Metodología de investigación y estadística en oncología y hematología. Novartis Oncology. Barcelona: Ed. Editec.

Rowland M, Tozer TN. 1995. Clinical Pharmacokinetics: Concepts and Applications. 3ª ed. A Lea Febiger book. Williams Wilkins.

Samara E, Granneman R. 1997. Role of population pharmacokinetics in drug development. A pharmaceutical industry perspective. Clin Pharmacokinet 32: 294-312.

Sánchez JA, Ocaña J. 2002. Computer intensive methods for mixed models. Proceedings of the COMSTAT Congress.

Heidelberg. Alemania.

Sargent RG. 2003. Verification and validation of simulation models. Proceedings of the 2003 Winter Simulation Conference. EEUU.

SAS Institute Inc. 1992. SAS Technical Report P-229,SAS/STAT Software: Changes and Enhancements, Release 6.07, Cary, NC: SAS Institute Inc.

SAS Institute Inc. 1994. SAS/STAT Software: Changes and Enhancements, Release 6.10, Cary, NC: SAS Institute Inc.

Schuirmann D. 1987. A comparison of the two one-sided procedure and power approach for assessing the bioequivalence of average bioavailability. J Pharmacokin Biopharm 15: 657-680.

Shao J, Tu D. 1995. The Jackknife and Bootstrap, Nueva York: Springer-Verlag.

Sheiner LB, Beal SL. 1980. Evaluation of methods for estimating population pharmacokinetics parameters. I. Michaelis-Menten model: routine clinical pharmacokinetic data. J. Pharmacokinetic. Biopharm 8: 553-71.

Sheiner LB, Grasela TH. 1984. Experience with NONMEM: análisis of routine phenytoin clinical pharmaconetic data. Drug Metab. Rev. 15: 293-303.

Sheiner LB, Hashimoto Y, Beal SL. 1991. A simulation study comparing designs for dosi ranging. Stad Med. 10: 302-21.

Sheiner LB, Ludden TM. 1992. Population pharmacokinetics/dynamics. Annu Rev Pharmacol Toxicol 32: 185-209.

Sim I, Rennels G. 1996. Standardized Reporting of Clinical Trials into Electronic Trial Banks: InSupport of Computer-assisted Evidence-based Medicine. Stanford Medical Informatics technical reports SMI-96-0630. (http://smi.stanford.edu/smi-web/reports/SMI-96-0630.pdf).

Schlesinger y col. 1979. Terminology for model credibility. Simulation 32: 103-104.

Smith MK. 2004. Software for non-linear mixed effects modeling. RSS meeting, London. 12 May 2004. http://www.rss.org.uk/PDF/mikesmith.pdf.

Stanski DR, Jenkins JK. 2004. Model based drug development: a critical path opportunity. www.fda.gov/oc/initiatives/criticalpath.

Sun A. 1997. Generación de una distribución normal multivariante mediante el método de Jacobi. (http://www.geocities.com/WallStreet/9245/vba.htm).

Tiefenbrunn AJ, Graor RA, Robison AK, Lucas FV, Hotchkiss A y col. 1986. Pharmacodynamics of tissue-type plasminogen activator characterized by computerassisted simulation. Circulation 73: 1291–1299.

Vallvé C. 1990. Buena práctica clínica. Recomendaciones internacionales en investigación terapéutica. Madrid: Ed. Farmaindustria: 36.

Verbeke G, Molenberhs G. 2001. Mixed Models for longitudinal data with SAS. Curso del SEA (Servicio de Estadística de la Universidad Autónoma de Barcelona). UAB.

Vicini P, Bies P. 2001. Improving Clinical Trial Design Via Simulation and Estimation Methods. IIR Pre-Conference Symposium. 6 de agosto. www.depts.washington.edu/rfpk/pdfs/mod0.p 2nd Annual Clinical Trial Simulation in Drug Development Conference. Washington DC, agosto.

Villar P. 2016. CUADERNO DE PRÁCTICAS DE ECOLOGÍA (2º grado en Biología). DEPARTAMENTO ECOLOGÍA. UNIVERSIDAD DE ALCALÁ (Ver en: http://www3.uah.es/pedrovillar/Docencia/Ecologia

Vonesh EF, Chinchilli VM. 1997. Linear and nonlinear models for the analysis of repeated measurements. Marcel Dekker, Inc.

Walker G. 2002. Common Statistical Methods for Clinical Research with SAS Examples. SAS Institute, Cary, NC, EEUU.

Wang CM. 1988. One-sided confidence intervals for the positive linear combination of two variances. Communications in Statistics - Simulation and Computation, B17: 283-292.

Wang CM. 1988. Beta-expectation tolerance limits for balanced one-way random-effects model. Probability and Statistics: Essays in Honour of Franklin A. Graybill, J.N. Srivastava Ed., pág. 285, Amsterdam: North Holland.

Wang CM. 1990. On ranges of confidence coefficients for confidence intervals on variance components. Communications in Statistics - Simulation and Computation, B19: 1165-1178.

Wang CM. 1990. On the lower bound of confidence coefficients for a confidence interval on variance components Biometrics 46: 187-192.

Wang CM. 1991. Approximate confidence intervals on positive linear combinations of expected mean squares. Communications in Statistics - Simulation and Computation B20: 81-96.

Wang CM. 1992a. Approximate confidence intervals on positive linear combinations of expected mean squares Communications in Statistics - Simulation and Computation B20: 81-96.

Wang, C.M. 1992b. Prediction intervals for a balanced one-way random-effects model. Communications in Statistics - Simulation and Computation B21: 671-687.

Wang CM. 1994. On estimating approximate degrees of freedom of chi-squared approximations. Communications in Statistics - Simulation and Computation, B23: 769-788.

Wang CM, Graybill FA. 1981. Confidence intervals on ratio of variance in the two-factor nested components of variance models. Communications in Statistics - Theory and Methods, A10: 1357.

Wang CM, Iyer HK. 1994. Tolerance intervals for the distribution of true values in the presence of measurement error. Technometrics 36: 162-170.

Whitner RG, Balci O. 1989. Guideline for selecting and using simulation model verificacion techniques. Proceedings of 1989 Winter Simulation Conference. 559-568.

www.ingramcontent.com/pod-product-compliance
Lightning Source LLC
Chambersburg PA
CBHW072214170526
45158CB00002BA/592